旧工业厂区绿色重构安全规划

李 勤 盛金喜 刘怡君 著

中国建筑工业出版社

图书在版编目（CIP）数据

旧工业厂区绿色重构安全规划 / 李勤，盛金喜，刘怡君著．—北京：中国建筑工业出版社，2020.7

ISBN 978-7-112-25062-2

Ⅰ.①旧… Ⅱ.①李… ②盛… ③刘… Ⅲ.①旧建筑物—工业建筑—废物综合利用—安全管理 Ⅳ.①X799.1

中国版本图书馆CIP数据核字（2020）第075126号

本书系统论述旧工业厂区绿色重构安全规划的基本原理与方法。全书分为6章。其中第1章探讨旧工业厂区绿色重构安全规划的内涵、调研、机理等；第2～6章分别从旧工业厂区的空间、管网、交通、消防、环境五方面研究厂区绿色重构安全规划的内容、方法与措施，并结合工程实例进行论述。

本书可作为高等院校城乡规划及建筑学等专业相关课程的教科书，同时也可作为建筑师、规划师及工程技术人员的参考资料。

责任编辑：武晓涛
责任校对：党　蕾

旧工业厂区绿色重构安全规划

李　勤　盛金喜　刘怡君　著

*

中国建筑工业出版社出版、发行（北京海淀三里河路9号）
各地新华书店、建筑书店经销
北京点击世代文化传媒有限公司制版
北京建筑工业印刷厂印刷

*

开本：787×1092毫米　1/16　印张：12½　字数：270千字
2020年9月第一版　2020年9月第一次印刷
定价：**40.00**元

ISBN 978-7-112-25062-2
（35858）

《旧工业厂区绿色重构安全规划》
编写（调研）组

组　　长：李 勤

副组长：盛金喜　刘怡君

成　　员：田梦堃　钟兴举　于光玉　熊 登　孟 江

田伟东　郁小茜　尹志洲　周 帆　邸 巍

崔 凯　陈 旭　武 乾　孟 海　李慧民

田 卫　张 扬　贾丽欣　裴兴旺　李文龙

胡 昕　张广敏　郭海东　郭 平　柴 庆

杨战军　华 珊　陈 博　高明哲　王 莉

万婷婷　程 伟　刘钧宁

前　言

本书结合具体案例，对旧工业厂区绿色重构安全规划的基本原理与方法进行了系统的论述。全书分为6章。其中第1章探讨了旧工业厂区绿色重构安全规划的内涵、调研、机理等，建立了旧工业厂区绿色重构安全规划的理论基础；第2章从总平面布置、竖向布置、建（构）筑物、设备设施四方面，论述了旧工业厂区空间绿色重构安全规划的基础、理念和方法；第3章从给水排水管网、供电管网、供热管网、燃气管网四方面论述了旧工业厂区管网再生重构安全规划；第4章从交通组织、道路空间、既有道路、新建道路四方面论述了旧工业厂区交通再生重构安全规划；第5章从消防总平面规划、建筑平面规划、消防系统规划、安全控制四方面论述了旧工业厂区消防再生重构安全规划；第6章从水体、土壤、绿化及空气质量三方面论述了旧工业厂区环境绿色重构安全规划。各章还从不同侧重点结合工程实例对研究成果进行了应用分析。

本书由李勤、盛金喜、刘怡君著。其中各章编写分工为：第1章由李勤、盛金喜、刘怡君、田伟东编写；第2章由盛金喜、田梦堃、刘怡君、尹志洲编写；第3章由李勤、钟兴举、郁小茜、崔凯编写；第4章由李勤、于光玉、李文龙、刘怡君编写；第5章由刘怡君、熊登、李勤编写；第6章由李勤、孟江、邸巍、周帆编写。

本书的撰写得到了国家自然科学基金项目“绿色节能导向的旧工业建筑功能转型机理研究”（批准号：51678749）及“生态安全约束下旧工业区绿色再生机理、测度与评价研究”（批准号：51808424）、住房和城乡建设部2018年科学技术项目（批准号：2018-K2-004）、北京市社会科学基金“宜居理念导向下北京老城区历史文化传承与文化空间重构研究”（批准号：18YTC020）、北京建筑大学未来城市设计高精尖创新中心资助项目“创新驱动下的未来城乡空间形态及其城乡规划理论和方法研究”（批准号：udc2018010921）、北京市教育科学“十三五”规划2019年度课题项目（CDDB19167）、中国建设教育协会课题（2019061）的支持，此外在编著过程中还得到了北京建筑大学、西安建筑科技大学、博地建设集团有限公司、浙江国开建设有限公司、百盛联合集团有限公司、案例项目所属单位等的大力支持与帮助。在撰写过程中还参考了许多专家和学者的有关研究成果及文献资料，在此一并向他们表示衷心的感谢！

由于编者水平有限，书中不足之处，敬请广大读者批评指正。

作者

2020年6月

目　录

第 1 章　厂区绿色重构安全规划基础

工业化是城市发展不可逾越的阶段，旧工业厂区作为城市的一个重要组成部分，是记录一座城市工业化历史发展的载体。后工业化时代是一个以理论知识为中轴、以高新技术产业为支撑的时代。随着后工业化时代的到来，人们的生活方式和生活习惯随之转变，城市被重新定位，社会面临着转型，大量闲置、被废弃的工业厂区即将展开绿色重构的计划。绿色重构，能使脱离城市发展的旧工业厂区重新回归城市，让旧工业厂区重新焕发生机，延续城市历史记忆，传承城市文化文脉。

1.1　绿色重构安全规划内涵

1.1.1　旧工业厂区的内涵

1.1.1.1　相关概念

（1）工业用地

工业用地是指城市中工矿企业的生产车间、库房、堆场、构筑物及其附属设施（包括其专用的铁路、码头和道路等）的建设用地。工业是城市形成与发展的主要因素，自工业革命后，大规模的工业建设不仅改变了以往城市发展的形式，也加速了新城市的发展。工业为城市人口提供了大量的就业岗位，它的发展带动并促进了市政公用、交通运输、配套服务等各项事业的发展。然而，工业的发展赋予城市以生命力的同时，也带来了环境、生态、社会等各种问题。

（2）工业遗产

工业遗产是指具有历史、技术、社会、建筑或科学价值的工业文化遗迹，包括建筑、机械、厂房、生产作坊、矿场、加工提炼场、仓库、转移和使用的场所、交通运输及其基础设施，以及用于居住、生活、服务、教育等和工业相关的社会活动空间。工业遗产既包括工厂、车间等不可移动文物，也包括机器设备、工具、档案等可移动文物，以及工艺流程、工艺文化、传统工艺技能等非物质工业遗产。

（3）旧工业建筑

旧工业建筑作为旧建筑中的一个子类，包含下述三项内容：①陈旧或者过时的工业建筑，已经不能满足新生产工艺的功能要求；②以往的工业建筑，即原先进行生产，如今已停止生产活动的工业建筑；③时间久或者具有特殊价值和意义的工业建筑。旧工业建筑（群）不仅指用作生产场所的建筑物本身，还包括与其生产配套的形态各异、工业味十足的各类构筑物、大型设备、交通运输设施等。

（4）旧工业厂区

工业厂区是指在工业生产过程中人们从事生产活动的场所，包括工业建筑及其生产配套的各类构筑物、设备设施、生态环境、交通运输等构成的有机整体。从时间顺序上来说，旧工业厂区是相对于城市新建的工业厂区而言，是指由于城市化及第三产业发展，工业厂区本身的功能和性质陈旧，不能适应城市的变化发展要求而废弃或闲置，环境景观、交通和市政设施等需要进行调整与更新的厂区。本书中的旧工业厂区是指处在城市中且与城市存在密切的联系，但原有生产或使用功能已经终结、闲置或废弃的旧工业厂区。

1.1.1.2 厂区演变

工业区是指城市中经过规划的、工业集中布置的地区。城市工业区是合理布置城市工业企业的一个重要形式，是整个城市的一个重要组成部分。城市工业区与城市的关系是相互依存，相互制约的。工业区的发展为城市建设增加了物质基础，城市的发展又为工业区的进一步形成和发展创造了环境条件。城市可以看作是一个复杂的有机体，时刻处于生长、调节和自我完善之中，而城市的演变总是伴随着城市功能的重新建构，工业城市在演化过程中形成了其独特的规律。只有挖掘出这些规律的根源，才能从根本上解决城市所面临的问题。旧工业厂区在城市时空中分布规律的影响因素很多，如生态、交通、城市定位、经济、国家政策等。工业厂区与城市空间的位置关系分为混合、分离、重归三个阶段，如表1.1所示。

工业厂区与城市空间的位置关系 表1.1

阶段	位置关系	主要内容
混合阶段	工业用地与城市混合	我国近现代工业的开端始于第一次鸦片战争，完整的工业体系尚未建立，工厂规模小、设备简陋、技术落后，大部分企业散落在城市之中。中华人民共和国成立之初，工业集聚分布在东北沿海地带，区域发展差异较大，因此提出了“变消费性城市为生产性城市”和“改变国家工业地理分布”的方针。“一五”时期，大规模的工业建设推进了我国城市工业化进程，彻底改变了原有的城市格局和发展方向，逐渐形成了一批以工业生产为中心的工业城市，城市生产功能不断加强，大批工业项目入驻城市，工业用地充斥在城市之中，形成了工业厂区与城市混合的状态
分离阶段	工业用地与城市分离	国家战略的支撑使工业经济成为城市经济的主导产业，城市规模迅速扩张，工业用地不断增加。但在建设过程中过分强调城市的生产职能，对第三产业发展关注不足，资源短缺、环境破坏等问题日益凸显。改革开放后，我国经济发生转型，产业结构大规模调整，城市工厂的关、停、并、转、迁促使大量城市工业向外部迁移，在一定程度上形成了“城市中心—工业外围”的空间格局，使工业用地与城市在空间上相隔离。而城市中的旧工业厂区则丧失了原有的生产功能，非生产性的功能与价值未被挖掘，旧工业厂区处于停滞状态，导致城市空间结构不合理

续表

阶段	位置关系	主要内容
重归阶段	工业用地重归城市	21 世纪后，国际经济格局发生重大转变，社会、经济进入重构和转型的实质性实施阶段，经济发达城市陆续步入后工业化社会，城市化进程以前所未有的速度展开。内部土地资源供需紧张，被迫进行新一轮的扩张，呈现出由单中心向多中心发展的态势，出现复合式组团结构。部分处于城市外围的工业用地被不断扩张的新建功能包围，使其具备了城市中心的区位优势，工业用地重新回归城市，不论是城市外围或市中心的旧工业厂区更新都给城市土地的开发置换带来了契机。客观上承担了“疏导城市人口”与“完善产业配套”的职能，进一步优化城市结构

注：■城市其他功能；■工厂；■废弃或改造的工厂；■游离出的工厂。

1.1.1.3　价值分析

随着城市的快速发展，部分旧工业厂区已经丧失了原有的生产功能和经济效益，但厂区内遗留了大量工业遗存资源，包括建筑物、构筑物、生产设备设施与工业景观等实体遗存，以及企业历史文化、生产工艺流程、标语口号等非实体遗存，都是在历史长河大浪淘沙中遗留下来的宝贵的工业资源，具有其独特的不可复制的价值。

（1）经济价值

旧工业厂区一般具有良好的土地区位，随着城市的不断发展与扩张，原来位于城市边缘的工业区逐渐演变成为城市中心区不可多得的黄金宝地，由于其土地升值的潜力巨大，土地开发的投资回报率较高，往往成为房地产开发的首要选择。同时，工业区具有良好的交通和基础设施，极大地降低了开发成本。旧工业厂区的更新作为城市发展的一个重要组成部分，在战略上可以缓解中心城区的开发压力，为城市经济结构转型、经济振兴和在全球经济一体化的国际竞争提供必要的空间环境。

（2）社会价值

位于城市中心区的工业企业向远郊区县的搬迁，缓解了城市人口集中、交通拥挤、生活设施缺乏、能源资源供应紧张等问题，产生良好的社会价值。旧居住区改造时，拆迁安置工作往往十分困难，而旧工业厂区的建筑密度和容积率较低，改造时无须考虑居民拆迁补偿和重新安置的问题，有利于住房商品化运作，缓和社会矛盾。

（3）环境价值

旧工业厂区再生重构，使原有闲置或废弃的工业用地得以焕发新的活力，大幅度改善环境污染，创造良好的环境价值。随着旧工业厂区重构模式日益丰富，如商业、办公、社会文化、体育休闲、绿地广场、居住等，可以带动原旧工业厂区及城市周边区域的发展，形成崭新的城市空间形象，创造良好的生态环境效益。

1.1.2 绿色重构的内涵

1.1.2.1 重构概念

(1) 空间重构

空间重构是城市规划、建筑学、区域经济学、人文地理学等诸多学科共同关注的问题。重构是系统科学的一种方法论，指系统在运行过程中，因各种原因系统的组织结构产生异化甚至解体，系统内各因子难以正常运行，因此需要对其进行重新建构，优化系统内各要素，以保证系统处于良性的可持续发展的状态。但是，社会上对于空间重构的诠释有不同角度的理解，其中主要的内涵诠释如表 1.2 所示。

空间重构理念发展　　表 1.2

年份	主题	内容
2005 年	城市空间重构	城市空间重构是在城市发展中，为使城市系统处于可持续发展的良好状态，针对城市的负面影响，而进行自我调整的过程。在这个过程中，涉及空间功能、空间要素、空间主体和空间作用方式等的改变，进而推进城市空间结构的重构，最终实现城市空间重构的目标
2013 年	非历史性街区空间重构	非历史性街区的空间重构是在保留其空间内涵的前提下，运用一定的重构手法，调整非历史性街区空间的结构关系，使城市健康可持续发展的方法论。其认为空间重构应包含社会、经济、建筑、精神、人文等多方面的重构
2014 年	空间重构	重构是通过对相关因素的调整以使系统的整体构架更合理地去异同化的过程。空间重构可以理解为在一定条件下重新构建各空间要素关系的过程。重构内容不仅包含物质层面，还包含社会、经济、文化等非物质层面的内容
2016 年	空间重构	重构是在不改变原场地文脉的前提下，对其内在结构进行合理修改。空间重构是一种重视内在结构因素和整体的理性设计。它打破了传统的设计原则和形式，以新的面貌占据空间

(2) 绿色建筑

绿色建筑是指建筑对环境无害，能充分利用环境自然资源，并且在不破坏环境基本生态平衡条件下建造的一种建筑，又可称为可持续发展建筑、生态建筑、回归大自然建筑、节能环保建筑等。2014 年发布的《绿色建筑评价标准》GB/T 50378—2014 中，将绿色建筑定义为："在建筑的全生命周期内，最大限度地节约资源（节能、节地、节水、节材）、保护环境和减少污染，为人们提供健康、适用和高效的适用空间，与自然和谐共生的建筑"。

(3) 绿色重构

绿色重构是指在对原有厂区交往空间分析、解构的过程中，从决策、设计、施工及运营这一建筑全寿命周期内，结合绿色建筑的标准要求，充分考虑对厂区内及周边资源和环境的影响，在满足新的使用功能要求、合理的经济性的同时，最大限度节约资源、保护环境、减少污染，为人们提供健康、高效和适用的使用空间，与社会及自然和谐共生，以此为基础形成的一种绿色理念以及所实施的一系列活动。

1.1.2.2 重构要素

旧工业厂区绿色重构是城市更新发展中的重要内容。在重构过程中，应当对不同层面的影响因素进行深入的分析，以期更加彻底地解决城市问题。旧工业厂区绿色重构的影响要素涉及范围广泛，涉及众多学科的不同领域，应以城市设计理论为基础并结合旧工业厂区的特殊情况，对影响较大的要素进行深入研究，如表 1.3 所示。

厂区绿色重构影响因素　　表 1.3

重构要素	内容	效果图
空间格局	空间重构应以城市为视角，谋求更长远的发展，除了自身条件的约束外，同时受到区域空间格局的制约。空间格局是对区域内生态以及地理要素（自然地理与社会经济）的空间分布与配置研究	
经济效益	经济效益是城市更新的重要驱动，促进城市产业结构的优化升级，包含厂区经济利益与为城市所带来的综合经济效益。旧工业厂区重构应使工业厂区的价值得到最大化利用	
工业文化	旧工业厂区具有重要的文化价值，对优秀工业文化的继承与发展，丰富了城市内涵，提升了城市文化品位与竞争力。旧工业厂区作为城市历史的直观表征，记录着特定地段、特定时期人们的生产、生活方式，具有城市认同感、归属感	
土地使用	土地使用是在城市规划的基础上对城市土地的细分，组织不同性质的城市功能，对城市用地进行必要调整，对土地资源进行合理开发。土地是城市空间的载体，旧工业厂区作为城市存量用地对于城市更新显得更加重要	
交通系统	交通系统是城市的结构骨架，交通组织会对城市工业厂区空间布局、秩序、形态、肌理产生重大影响。静态交通系统可以保证动态交通系统的正常运转，而动态交通是区域内部及区域与城市间联系的保障	
空间形态及其组合	建筑是城市空间最主要的限定要素，单体建筑的空间形态会对周边环境产生影响。城市设计是将不同空间合理组合成一个有机的群体并对城市环境做出贡献，与场地内外空间、交通流线、周边环境、特定地段的文脉产生呼应，保证整体统一性	
景观环境	工业建筑的结构、空间、材料、色彩等具有特殊的艺术表现力，可以作为城市的特殊景观处理。旧工业厂区是形式特殊的建筑群，在城市中形成了特殊的产业风貌，丰富了城市景观风貌，成为城市特色的标志，增加了城市居民的归属感与认同感	

1.1.2.3 重构原则

旧工业建筑作为旧建筑中的一类，所涉及的内部空间重构手法是相同的，总体来说分为大空间的划分和小空间的重组，而旧工业厂区绿色重构往往是多种重构手法的综合运用。

（1）延续历史，激发场所精神

随着城市发展变化，工业厂区也在相应地不断演化，所存留下来的有价值的旧工业厂区就是本书研究的主要内容。城市中的历史地段记载着一个城市演化过程的诸多片段和记忆，旧工业厂区也拥有许多历史长河中沉淀出的宝贵精神与文化内涵。对旧工业厂区进行绿色重构，要最大限度地将工业遗产保留下来，使工业文化和历史精神得以延续与传承，并在此基础上进行厂区安全规划。

（2）功能匹配，继承工业文化

旧工业厂区再生重构过程中，往往会根据厂区空间的实际情况赋予其相匹配的新功能，合理利用厂区空间，激发区域潜能。当空间原有功能被置换时，应该考虑原有功能的使用方式，转换为新功能后是否能与空间建立起匹配关系。并且，在满足新功能使用的同时，对原有功能进行继承和利用，保留建筑空间的原真性，让人们能感知旧功能的使用状况。

（3）空间适宜，回归人性尺度

空间适宜原则是指重构后的厂区空间需要适宜人们的使用。工业建筑多为大跨度结构，空间尺度较大，在重构时应对整体空间进行调整与划分，使其能够成为健康、舒适、适用的使用空间。同时，新旧空间也要相互契合，和谐共存。

（4）可持续发展，绿色低耗能设计

在制定厂区重构方案时，应以生态环境保护为核心，最大限度地利用旧工业建筑区原有材料，结合绿色建筑的标准要求，考虑厂区内部以及周边环境的可持续发展，控制建设成本，制定经济合理的改造方案，创造丰富的文化氛围，使社会效益最大化。

1.1.3 安全规划的内涵

1.1.3.1 相关概念

（1）规划设计

规划设计是指项目更具体的规划或总体设计，要考虑政治、经济、历史、文化、民俗、地理、气候和交通等各种因素。完善设计方案、提出规划期望理论，确定愿景和发展模式、发展方向、控制指标等。

厂区规划设计与城市规划设计的区别在于，后者多伴随着对于城市各种不同性质用地进行功能配置的转换，而前者主要涉及工业区内功能结构的调整以及土地使用功能的转换，往往是与工业产业布局的结构调整结合在一起的。

（2）区域规划

区域规划是在综合分析评价各种自然、技术、经济因素和条件的基础上，对该地区社会、经济和发展的综合安排，主要包括资源的综合开发利用和区域发展的方向，合理配置工业和城市居住区，并安排区域服务型工程设施，如区域交通、能源、水利、园艺、疗养、旅游和环境保护等。

（3）功能再生规划

功能再生规划是指在一定时期内根据区域经济社会发展目标确定原建筑的新的性质、规模和发展方向。合理利用土地，协调区域空间功能，全面部署安排各种建设。

建筑功能的再生规划将导致重建、扩建和建筑物添加等一系列空间的重组和改造，关键是如何处理旧建筑与新空间之间的关系。在重组过程中，内部空间可以重组，外部空间也可以重组。

（4）建筑设计

建筑设计是指建筑物在建造之前，设计者按照建设任务，把施工过程和使用过程中所存在的或可能发生的问题，事先作好通盘的设想，拟定好解决这些问题的办法、方案，用图纸和文件表达出来。

（5）厂区重构安全规划

旧工业厂区绿色重构安全规划特指因各种原因失去原使用功能、被闲置的工业建筑及其附属建（构）筑物，在非全部拆除的前提下，对其重新赋予新的使用功能的过程中着重考虑安全因素，从决策、设计、施工及运营这一建筑全寿命周期内，结合绿色建筑的标准要求，充分考虑对厂区内及周边资源和环境的影响，在满足新的使用功能的同时，最大限度节约资源、保护环境、减少污染，为人们提供健康、高效和适用的使用空间，和社会及自然和谐共生，以此为基础形成的一种绿色理念以及所实施的一系列活动。

1.1.3.2　理论基础

（1）城市更新理论

1958 年，城市更新研讨会在荷兰召开，会上第一次对城市更新的理论概念进行了阐述，将城市更新定义为“生活在都市的人，对于自己所住的建筑物，周围的环境或通勤、通学、购物、游乐及其他的生活，有各种不同的希望与不满，对于自己所住的房屋的修理改造，街道、公园、绿地，不良住宅区的清除等环境的改善，有要求及早施行，尤其对于土地利用的形态或地域地区的完善，大规模都市计划事业的实施，以便形成舒适的生活，美丽的市容等，都有很大的希望，包括有关这些都市改善，就是都市更新”。

1992 年，《为了 90 年代的城市复兴》中将“城市复兴”一词定义为：用全面及融合的观点与行动为导向来解决城市问题，以寻求对一个地区得到在经济、物质环境、社会及自然环境条件上的持续改善。

《现代地理科学词典》提出，“城市在其发展过程中，经常不断地进行着改造，呈现新的面貌”。

《中国大百科全书》提出，“由于社会环境、经济发展、科技进步等诸多因素的推动，旧城区需要改建和优化”。

根据《现代城市更新》的论述，“针对城市更新进行政策制定时，需要具体问题具体分析。具体问题指的是本国的具体国情、本地区的具体条件，基于此针对城市更新所确立的计划才更符合实际，推行起来才更为高效”。

综上所述，所谓城市更新就是对各种物质更新方法的综合应用，例如保护、修复、重建以及社会和经济的各个方面有关的其他非物质更新手段。推进城市土地规划的再开发利用，优化城市环境，改善城市功能，增强城市活力。

(2) 城市复兴理论

在20世纪70年代后期，英国首次提出了“城市复兴”。它是西方国家在充分城市化后，从可持续发展的角度提出的概念，重点在于调整、整合。如表1.4所示，列举了西方地区“城市复兴”的演变过程。

西方城市复兴的演变过程　　表1.4

事项	城市重建 Reconstruction	城市活化 Revitalization	城市更新 Renewal	城市再开发 Redevelopment	城市复兴 Regeneration	
时间	1940—1960	20世纪60年代	20世纪70年代	20世纪80年代	20世纪90年代	21世纪至今
战略导向	对旧区的重新建设；以总体规划为基础；郊区的发展	延续20世纪50年代发展政策；开始进行旧区复兴的尝试	关注旧区局部地段的改造；进行城市边缘地区的开发	以大型项目带动的城市开发	强调政策和实践的综合；关注不同策略方面的整合	《走向城市复兴》研究报告正式提出城市复兴的概念。当前所提出的城市复兴，发展了城市再生的概念，更加注重文化在社区层面的发展、政府与私人开发的广泛合作，是基于多方利益考量的、综合的、可持续发展的城市更新
主要参与角色	国家和地方政府；私人开发商和承包商	公共部门和私有部门共同作用	私有部门逐渐承担越来越重要的作用；地方政府的作用逐渐增强	强调私有部门的主导作用；强调公私伙伴关系	公私伙伴关系是主导	
空间层面	地方层面和场所层面	开始关注区域层面	早期关注区域层面；后期更多关注地方层面	20世纪80年代早期关注场所；后期关注地方层面	重新引入更大区域层面的思考	
经济方面	公共部门投资为主导；私有部门适度参与	私有部门作用开始增强	公共部门投资弱化；私有开始主导	私有部门主导；公共部门提供部门基金	公共部门、私有部门和志愿部门较好的投资合作	
社会方面	改善住房；提高生活水平	社会和福利的提升	以社区为基础地位的行动	社区的自我发展，国家给予支持	高度强调社区的作用	
物质方面	旧城的改造和边缘地区的开发	延续前一阶段；同时开始对既有旧城的修复	大规模的对旧城的更新	强调旗舰型的大型项目	城市改造的步伐趋缓；强调对物质遗产的保护	
环境方面	强调景观和绿地建设	有选择的提升	环境的提升	更广泛的对环境问题的关注	强调内涵更为全面的环境可持续发展	

(3) 可持续发展理论

1992年在巴西里约热内卢召开的世界与发展大会通过的《环境与发展宣言》和《全球21世纪议程》确立了可持续发展的概念，并将其作为人类社会发展的共同战略。“可持续发展”字面上理解是指促进发展并保证其具有可持续性。持续的意思是“维持下去”或“保持继续提高”。

世界环境和发展委员会于 1987 年发表的《我们共同的未来》的报告把可持续发展定义为：“既满足当代人的需求又不危及后代人满足其需求的发展”。根据该报告，可持续发展定义包含两个基本要素或两个基本组成部分：“需要”和对需求的“限制”。满足需要，首先是满足贫困人们的基本需要，对需要限制主要是对未来环境需要的能力构成危害的限制，这种能力一旦被突破，必将危及支持地球生命的自然系统。社会和人的发展是可持续发展的核心。

可持续发展的概念包括了两种含义。第一个层面的概念是需求。随着社会的不断发展进步，人们的基本需求已经不再只是简单地追求经济利益最大化，而是对于生活品质和生活质量的追求。城市的发展规划应将人类对于生活方式和社会生产方式中出现的更多需求放在最优先的位置上来考虑。第二个层面的概念是节制，可持续的发展应该是科学地协调好人与自然各个方面的关系，过去掠夺式的经济模式造成了今日的生态环境破坏严重，是人类为满足自己欲望而过度开发所造成的。

(4) 区域生命周期理论

“生命周期”是生命科学领域中的专业术语，用来描述某种生物从出生到灭亡的过程。任何一种事物的生存和发展都符合生命周期理论的规律，都要遵循事物由发生、发展、高潮到消亡的自然界规律。

汤普森的区域生命周期理论认为“一旦一个工业区建立，它就像一个生命有机体一样遵循一个规律的变化次序而发展，从年轻成熟再到老年阶段”。我国区域经济学家陈栋生对区域经济增长的不同阶段进行了大量研究，并提出了“区域经济的增长是一个渐进的过程，可分为待开发、成长、成熟和衰退等四个阶段”。城市工业的生命周期现象与区域经济增长的规律相近，分为四个阶段。

第一阶段，初期形成阶段。根据相关规划和政策，构建城市工业区，吸引外来人口聚集，形成早期的工业区，此期间生产的产品的市场销量较低，企业处于亏损阶段。

第二阶段，快速发展阶段。根据区域自身的优势，吸引外来资本的流入，引入高新技术，吸引更多高科技人才，从源头降低整个产业链的生产技术成本，使产业开始急速扩张，产品的技术和价格竞争力增强，销售量大幅度的提高。

第三阶段，稳定增长阶段。产业发展逐渐进入稳定期，企业在很大的区域范围内处于优势地位，同时期的其他工业企业也开始崛起，企业间竞争开始加剧，但是处于成熟稳定期的工业企业仍能保持自身在竞争中的优势地位。

第四阶段，负增长阶段。工业产业开始衰落，激烈的竞争使工业区自身的优势丧失，产品市场需求量逐步下滑，企业开始进入衰落期，一部分工业企业就此没落，另一部分开始探索新产业的转型思路，通过工业转型和科技创新等途径继续发展，由此工业区进入新一轮的生命周期循环模式。

1.1.3.3 规划原则

为了更好地实现旧工业厂区的绿色重构，挖掘其剩余价值，实现变废为宝的循环利用，响应我国建设资源节约型、环境友好型社会的倡议，以及“绿水青山就是金山银山”的发展理念，在重构的过程中必须建立相应的原则以指导厂区再生安全规划设计，将其纳入全面合理的轨道上，改变以往规划设计存在的盲目性和随意性。

（1）可持续发展原则

旧工业厂区绿色重构是可持续发展之路在建筑领域的科学利用。首先是对再生设计的利用寿命的掌控，避免再生利用后因其建筑寿命短而产生二次经济损失和建筑垃圾对环境的污染；其次是对原有资源采取循环利用，将可持续发展作为规划原则，有效减少施工过程中对环境造成的污染。旧工业厂区的绿色重构也可以作为工业厂区继续发挥功能的一种手段，有效延长建筑的生命。

（2）适宜保留原则

适宜的保护和重构是旧工业厂区规划设计最基本的原则。适宜保留意味着旧工业厂区应有机更新。采用合适的尺度，选择适宜的规模，综合考虑改造对象所处的环境以及现在和未来的发展关系，以此进行改造和适宜保留，如图 1.1 所示。

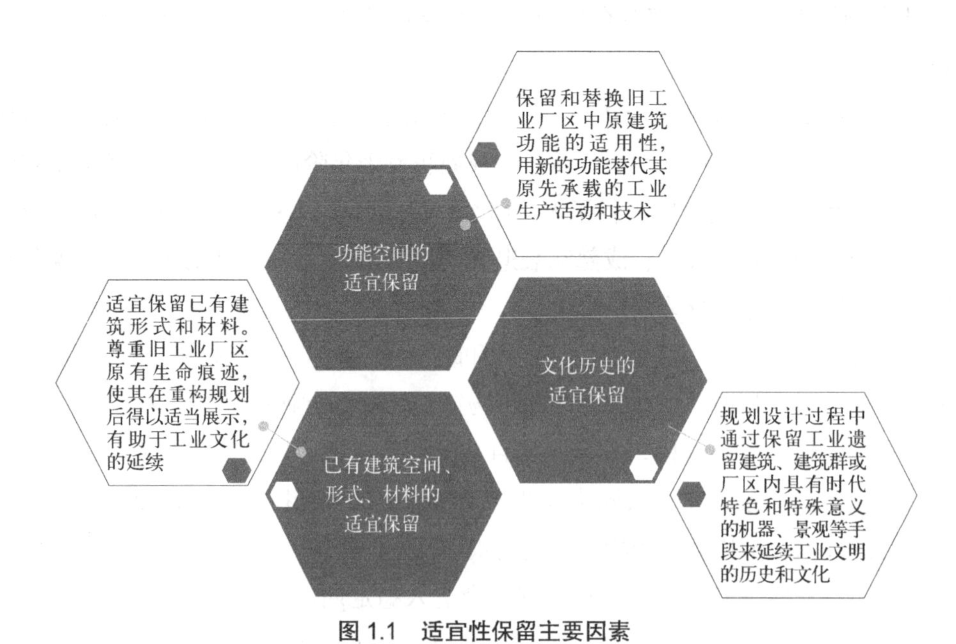

图 1.1 适宜性保留主要因素

（3）多元化发展原则

以多元化发展为原则，主要体现在建筑重构模式、重构风格以及重构的功能多元化，这种设计趋势吸引了更多的设计者与开发商的参与，使他们能更好地利用这些具有价值的旧工业建筑并通过改造来创造更多的经济效益。不仅为旧工业建筑自身的再生设计带来益处，对于其周边的环境和交通条件的改善和发展同样起到了推动作用，不局限、不单一的设计模式能让旧工业建筑重构为更多的建筑类型。

(4) 生态性改造原则

如果将建筑视为具有内部自行循环功能的生态系统，那么这个系统可以有序地组织建筑运转，形成生态平衡的建筑环境。“生态性改造”强调的是建筑材料和建造技术及设计手法的革命性变革，包括巧妙地利用自然材料、无污染材料、高效节能环保的生态建造手段等，可以使改造后的建筑更节能、更适用。

(5) 历史性与现代性兼顾原则

旧工业厂区的重构不是越新越好，重点在于建筑重构后所要传达的信息，是否让建筑的生命以及所承载的历史信息得到真正意义上的延续，同时重构后是否实现了适宜的与时俱进的建筑形式。既有历史文化部分的传承，又有创新部分的诞生。

1.1.3.4　规划程序

旧工业厂区安全规划，从收集编制所需要的相关资料，编制、确定具体的规划方案，到规划的实施及实施过程中对规划内容的反馈，是一个完整的且不断循环往复的过程。但从对旧工业厂区重构的特征来看，其规划工作集中在重构方案的编制与确定阶段，呈现出较明显的阶段性特征，如图 1.2 所示。

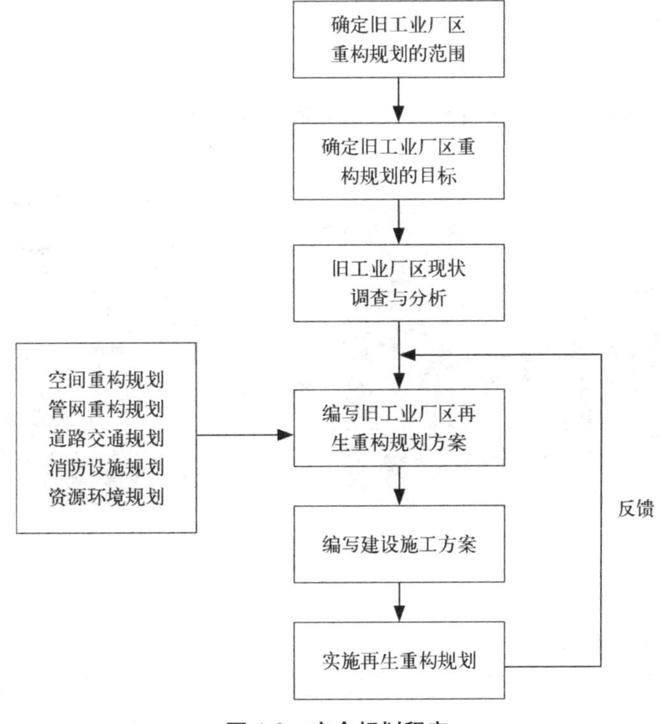

图 1.2　安全规划程序

1.2 厂区重构安全现状调查

1.2.1 资源安全状况调查

在重构规划设计的初期，应将旧工业厂区内部与周边的资源条件整合归类，以便旧工业厂区绿色重构的规划设计能够结合厂区原本涵盖的特征与文化，充分考虑到厂区内在及周边资源和环境的影响，在延伸工业文化、传承工业精神的基础上满足新的使用功能要求，并且最大限度地节约资源、保护环境、减少污染。

1.2.1.1 项目背景调查

我国20世纪的大、中型企业多是经过漫长的积累，进而逐步发展起来的，建设项目数量多，且施工期长，设计单位和施工单位经过多次变更。因此，大多旧工业厂区的设计资料、施工资料或是同现状存在出入，或是不完全，甚至存在遗失的情况。这就需要通过网络搜集、实地调查、测量、访问等手段取得旧工业厂区现状第一手资料，做到“资料不全要补测，没有资料要实测，临时建筑要调查”的准则。

为了更好地开展旧工业厂区的绿色重构，首先必须将厂区现状资料作为重构的基础，重视对厂区总平面、竖向布置、建（构）筑物、设施设备等现状情况的实地调查与统计，汇总结果将作为厂区绿色重构的重要依据。旧工业厂区绿色重构项目的安全规划，应以原旧工业厂区的时代背景为蓝本，重视厂区建立时的时代特征、发展历程、历史意义、重要事迹、规模体量等方面资料的收集，从而为厂区重构模式的选择提供依据，应做到尊重工业历史的传承，尊重工业文化的精神。

以风雷仪表厂为例，如图1.3所示，即厂区部分现状，包括建筑物、工业历史遗存等，应系统整理厂区背景资料与现状资料，为重构提供前提条件。

(a) 厂区宿舍楼

(b)“618”军工信号箱

图1.3 风雷仪表厂区现状

1.2.1.2 功能定位调查

旧工业厂区绿色重构的功能定位涉及复杂的经济、社会、环境复合系统，因此在规划设计时应综合考虑主要因素的影响。厂区重构功能定位时主要考虑宏观因素、中观因

素和微观因素，如图 1.4 所示。

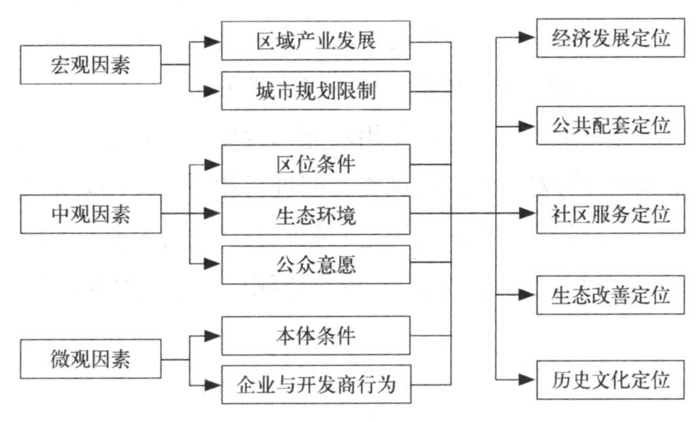

图 1.4　厂区重构功能定位主要影响因素

1.2.1.3　建筑现状调查

城市发展初期，对于旧工业建筑去留问题一般采用大拆大建的方式，城市内部只剩下零散的旧工业建筑单体；另一方面，中小型城市工业相对较为薄弱，很难形成大规模工业片区，旧工业建筑群体规模较小。一些大城市，特别是以工业为主的大城市存在着的已废弃的旧工业厂区，内部工业建筑密集，具有建筑规模大、类型多等特点，在进行重构规划设计时灵活性较大，可以改造成多种类型的创意园区。

目前大多数工业厂区中的旧工业建筑（群）大致可以划分为三个类型：厂区办公楼、单层或多层厂房、厂区职工住宅楼或宿舍楼，如表 1.5 所示。

旧工业厂区建筑类型划分　　　　**表 1.5**

建筑类型	特点	实例
办公楼	大部分为多层建筑，以框架结构或砖混结构为主，相比于大跨型的厂房建筑层高较低，具有较为开敞与完整的空间	
单层或多层厂房	内部空间较宽敞且灵活，支撑结构多为大型桁架、拱架或排架结构，建筑功能多数属于大型工业仓库或为制造大型工业生产机器而经特殊设计的重工业企业厂房	
住宅楼或宿舍楼	原本建筑功能为居住类建筑，建筑功能属性方面转换的较少	

1.2.2 建（构）筑物安全调查

建（构）筑物安全调查是指对于建（构）筑物结构安全性的调查，在正常施工和正常使用的条件下，既有结构应能承受可能出现的各种荷载作用和变形而不发生破坏，确保在偶然事件发生后结构仍能保持必要的整体稳定性的调查。旧工业厂区绿色重构的本质是对原有工业厂区内的建（构）筑物使用功能的改变，因此根据相应使用功能转变应对原有建（构）筑物的结构安全性进行调查，即进行相应的结构安全检测与评定。一方面是针对其本身的结构安全进行检测与评定，另一方面是针对其结构本身影响到的区域进行检测与评定。旧工业厂区绿色重构结构安全检测与评定流程划分如图 1.5 所示。

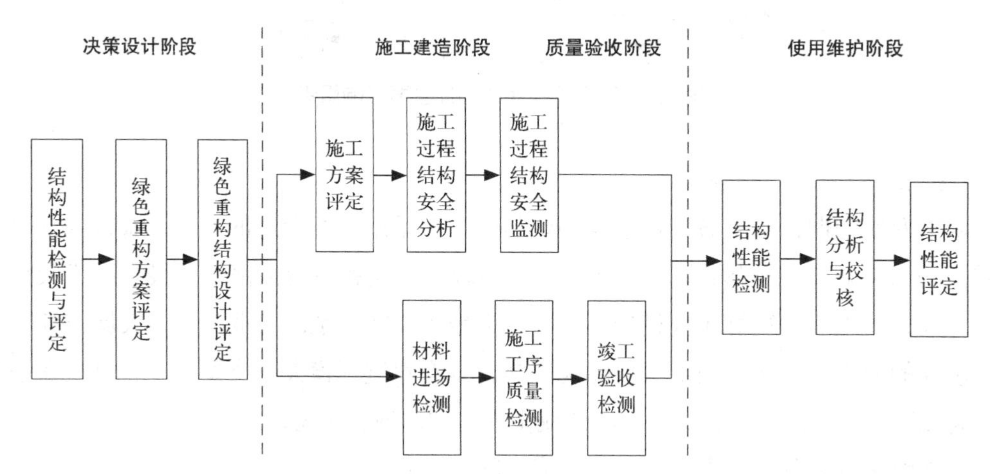

图 1.5 旧工业厂区绿色重构结构安全检测与评定流程划分

1.2.2.1 决策设计阶段

旧工业厂区绿色重构项目在决策设计阶段主要涵盖三方面工作，如图 1.6 所示，包括结构性能检测与评定、绿色重构方案评定、绿色重构结构设计评定。

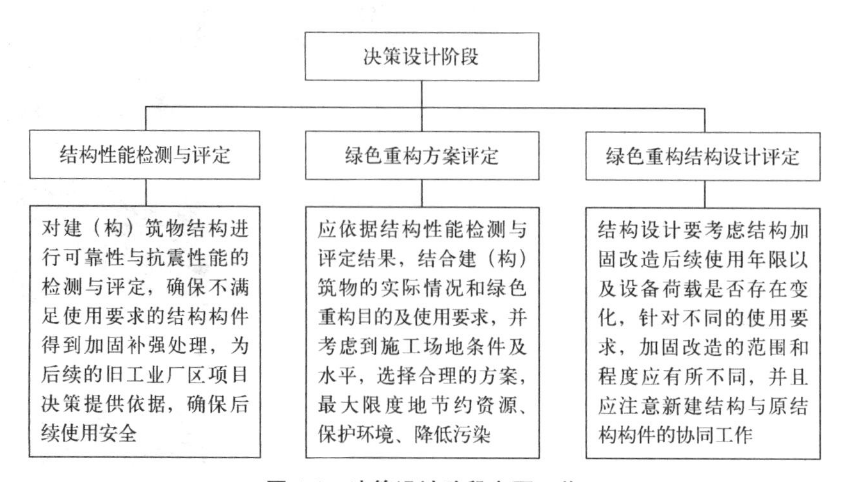

图 1.6 决策设计阶段主要工作

1.2.2.2　施工建造阶段

旧工业厂区绿色重构项目在施工建造阶段主要涵盖三方面工作，如图 1.7 所示，包括施工方案评定、施工过程结构安全分析、施工过程结构安全监测。

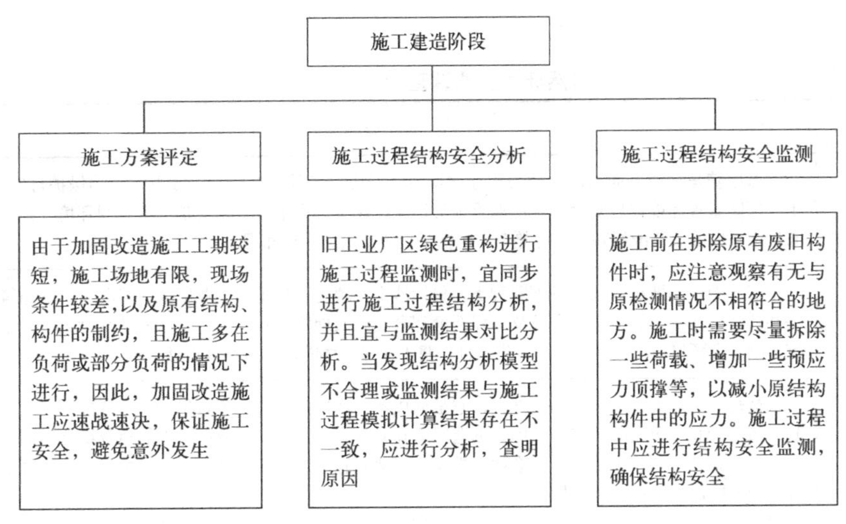

图 1.7　施工建造阶段主要工作

1.2.2.3　质量验收阶段

依据现行《建筑结构加固工程施工质量验收规范》GB 50550、《旧工业建筑再生利用工程验收标准》T/CMCA 3003、《既有建筑地基基础加固技术规范》JGJ 123 等对质量验收阶段的结构安全进行评定。工程竣工验收指建设工程项目竣工后，开发建设单位会同设计、施工、设备供应单位及工程质量监督部门，对该项目是否符合规划设计要求以及建筑施工和设备安装质量进行全面检验，取得竣工合格资料、数据和凭证。

1.2.2.4　使用维护阶段

依据现行《民用建筑可靠性鉴定标准》GB 50292、《旧工业建筑再生利用示范基地验收标准》T/CMCA 4002、《建筑抗震鉴定标准》GB 50023，对绿色重构后的结构可靠性与抗震性能进行检测与评定，为重构后运营中的日常技术管理和维修或抢修提供技术依据；为有失误的设计、施工的善后处理提供技术依据；为后续招商引资、空间设计规划、装饰装修等提供技术依据。

1.2.3　生态环境安全调查

工业厂区与城市处于统一的生态系统生物圈中，因此工业厂区生态环境是城市环境中不可或缺的一部分，相互联系且相互制约。旧工业厂区生态环境安全调查主要包括自然环境调查、人文环境调查、生态景观调查。

1.2.3.1 自然环境调查

工业厂区自然环境要素包括气候、地形地貌、土壤、水体、植被等，如表 1.6 所示。不同地域自然要素决定厂区环境性质，南方厂区与北方厂区相比，植物因素是最显而易见的根本特征。

自然环境主要调查内容 表 1.6

自然要素	主要内容
地形地貌	地形地貌是地球表面由内外动力相互作用塑造而成的多种多样的外貌或形态。为保护自然生态环境，工业厂区景观环境在规划设计时应尊重地形地貌，保留原有植被。尤其是工业景观环境，强调道路系统布置水平向的工艺流程联系，将整个厂区都采用连续式的竖向布置
土壤	土壤质地受到地域分区形成不同种类，包括沙土、壤土、黏土。工业厂区自然环境中的建筑物、构筑物和植物的布置位置、布置方式及工程造价都会受到质地的影响。工厂生产的特殊性也会对土壤造成一定影响，在环境设计时应考虑土壤生态性，将工业对土壤的破坏减小到最低
植被	植被是厂区环境不可或缺的一部分，它是低成本高产出的生物。不冒黑烟、不耗能源，生产氧气、吸收二氧化硫和二氧化碳等有害气体，创造舒适宜人的景观环境。工业厂区中的植物绿化不同于城市其他属性地块，其首要任务是针对污染物的性质，因地制宜地选择抗污染的植物搭配。工业厂区植物绿化设计应与厂区建设紧密结合、共同发展
水体	水是最为活跃的自然元素，它的生态功能是人类和生物的生存和健康不可或缺的元素，也是工业厂区景观环境规划设计中最为重要的因素。水体的应用存在亲和力、趣味性和视觉冲击力，它对环境温度和湿度都有所影响。在工业厂区中修建水景要充分考虑当地自然环境，设置动静结合水景景观
气候	气候是一个地区在一段时期内各种气象要素特征的总和，它包括极端气候和平均天气。在工业厂区景观环境中，我们可以利用地形、水面和植被形成微气候，局部改变厂区微气候。在理解气候的前提下进行厂区外环境景观设计，不仅有利于厂区员工的健康和人身安全，而且有利于资源保护和工业企业经济效益

1.2.3.2 人文环境调查

人文景观环境是人类自身发展过程中满足人类精神需求的有形和无形的精神产物，包括不同地域通过长期性的创造而产生的风俗习惯、文学艺术、思维方式、行为规范等，文化的延续使得工业厂区更具魅力。人文环境的重构是人类精神享受的重要组成部分，强调精神文化的内涵，偏重于艺术性和精神活动。人文环境重构设计的魅力通过人文价值和精神力量得以体现，包括色彩、形态、肌理等方面。

重构过程中应根据使用人群来对场地进行整体规划，以便设计必要的使用空间。同时要考虑有形和无形两方面因素。人文环境中人文要素的有机形式是建筑物、构筑物和植物的有机结合，无形的人文要素包括民俗风情、文化遗产等。可在设计中，将人工环境、企业文化与人文精神有机融合。

1.2.3.3 生态景观调查

（1）景观环境空间序列

空间序列是指空间具有节奏性、顺序性和连续性，由私密空间、过渡空间、半封闭空间和开敞空间构成，各有其特点与功能。这种空间序列不是简单的拼接，而是依功能需求进行设计，对人的心理和情感产生微妙变化的影响，具有引导性，有利于工业厂区安全生产和运营管理。

工业厂区外部空间序列设计时，需综合建筑空间中的一切视觉形象、概念元素和功能要求，要分清主次，解决好人流集散特点，流动与停驻时间的活动需求。一般厂区分为两长两短的活动流线，两长是上班和下班，两短是中午就餐和休息。因此，厂区序列设计可在工业企业原生产规模的基础上，充分利用空间的大小、收放、动静和高低等形式，创造符合人群心理特征的空间场所。

(2) 景观环境空间性质

工业厂区外部空间在整个工厂中主要起衔接作用，连接厂区建筑与城市环境。厂区外部空间主要满足绿地、晒场、道路等功能需求，是人流、物流的疏通渠道，也是架设管线的必需空间。厂区内的景观环境设计对于缓解紧张情绪、净化空气、阻隔噪声等均有积极的调节作用。

过去，工业企业在建设厂区的时候以修建厂房和仓库作为主要任务，外部空间显得微不足道。但在重构规划中，要重视厂区室内与室外空间相互依赖、具有相辅相成的特性，注重对厂区外部环境空间建设，协调工业厂区与城市环境的关系。对于厂区道路与堆场的空间应布置合理，避免半成品和备件对厂区环境造成脏乱的影响。厂区外部空间还会受到自然气候的影响，经过设计的景观环境，可以成为建筑的遮阳伞、保证员工人身安全的隔离带。

1.3　厂区重构安全规划机理

1.3.1　厂区重构安全规划程序

旧工业厂区绿色重构安全规划应按照检测与评定、规划与建筑设计、结构加固与改建设计、施工安全控制与质量验收四项主要内容进行，结合《旧工业建筑再生利用技术标准》T/CMCA 4001、《旧工业建筑绿色再生技术标准》T/CMCA 4006、《旧工业建筑再生利用示范基地验收标准》T/CMCA 4002、《旧工业建筑再生利用规划设计标准》T/CMCA 2001、《旧工业建筑再生利用实测技术标准》T/CMCA 3001、《旧工业建筑再生利用工程验收标准》T/CMCA 3003 等标准实施，具体可按图 1.8 中的程序进行。

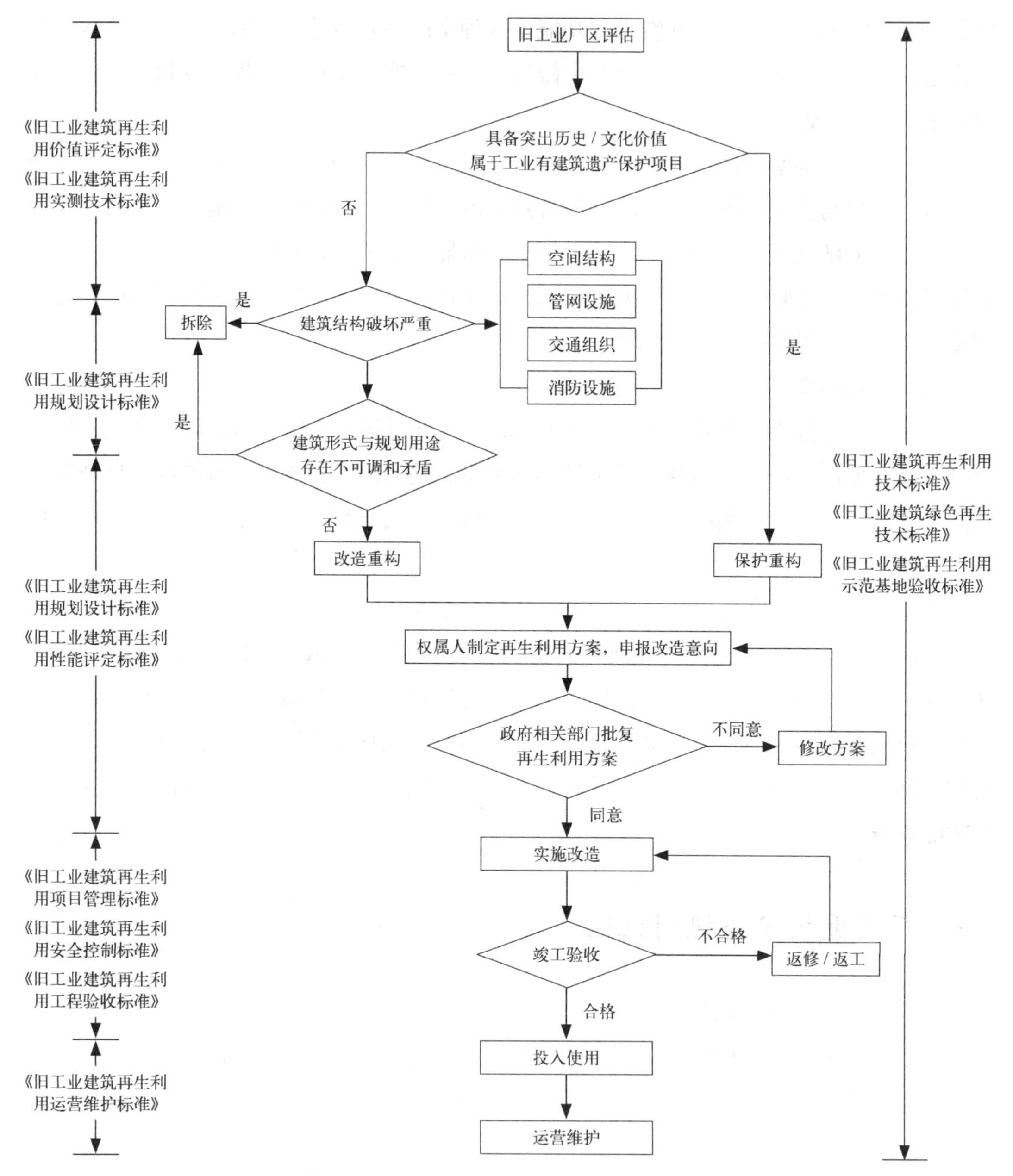

图 1.8　旧工业厂区绿色重构安全规划程序

1.3.2　厂区重构安全规划策略

1.3.2.1　重构区域空间格局

城市的发展需要宏观调控、综合协调，要因地制宜地组织城市建设，采取恰当的布局结构，妥善处理局部与整体、新建与改建、生产与生活、当前与长远、需要与可能的关系，使城市建设与社会、经济、生态的发展相协调，展示城市特色。旧工业厂区原本属于工业用地，随着时代的进步，在功能、交通、形象等方面已经不能契合城市的发展。

因而在旧工业厂区的空间重构中，应在结合自身现状的前提下，依据区域空间格局来确定厂区的发展方向。只有将旧工业厂区的空间重构纳入区域的发展规划之中，重构才会更加合理、更具前瞻性。区域空间格局协调的三要素，如表 1.7 所示。

区域空间格局重构要素　　表 1.7

要素	内容	策略
协调空间结构	是城市各要素在空间上的分布、组合状态，是经济结构、社会结构在城市空间的投影，一般表现为城市密度、城市布局、城市形态三种形式	协调区域空间结构要求旧工业厂区在建筑密度、空间布局、空间形态对城市做出回应。旧工业厂区受生产职能的限制，一般呈现低密度、低容积率的状态，与高密度、高容积率的城市截然相反，在重构过程中，可适当增加公园绿地等公共空间，以调节城市密度，缓解高密度的城市给人带来的压迫感；在城市布局上，要注意旧工业厂区与区域整体空间布局的协调一致，应做到收放有序、协调共生；在空间形态方面，既要体现出独特的工业特色，又要与新的城市功能相契合
适应区位关系	旧工业厂区与城市的相对位置关系；旧工业厂区与周边环境的相对关系	Ⅰ：①城市中心的旧工业厂区占据优良的地理位置，交通系统发达，重构过程中更注重经济的发展；②城市边缘的旧工业厂区，基础设施相对薄弱，更趋向于原有技术升级或整体性区域更新的重构 Ⅱ：①邻近高新区、科研单位的厂区，可借助科研优势，发展为创意办公、高科技研发等；②邻近历史文化遗迹的厂区，可借助文化优势，发展休闲、旅游、文创、餐饮等产业；③邻近交通枢纽或交通干线的厂区，可借助交通优势，发展现代仓储物流业；④对于缺乏公共空间的片区，可将其改造为景观公园、影剧院、展览馆来激活区域活力
调整厂区职能	是指城市对一定地域内的政治、经济、文化、社会发展中所发挥的作用与承担的分工	城市职能（行政、企事业、教育、科学、文化、工业、交通运输、商业等）具有时代性、阶段性的特点，随着城市的发展，不断地自我调整。工业厂区是城市的重要组成部分，随着城市职能的转变，原以工业生产为主的厂区不能适应新的城市职能要求，需要从空间功能上进行改造，重新融入新的城市职能之中

1.3.2.2　厂区功能重构

城市功能与城市空间有着密切的联系，特定功能聚集在一定区域便形成了特定的功能区，城市就是各种功能区的有机组合，但原有的空间和功能已不能满足城市发展的需求，原有“功能—空间”间的稳定关系被打破，亟须重构现有空间与功能。

从城市功能看，工业厂区曾经作为城市生产中心，为我国经济发展做出了巨大的贡献，但也存在着产业类型单一、布局结构不合理的问题，已不能满足人们现代生活和生产的需要。大量闲置旧工业厂区亟须重新考量厂区功能，顺应城市发展脉络，进行产业结构调整，以重新激发区域活动。产业结构的调整既要遵循经济的发展规律，又要符合城市规划的布局。多数旧工业厂区在城市中具有巨大的区位优势，因而在空间重构中更承担着承接中心城区功能的作用，以带动周边区域发展，优化产业结构。此外，与城市的相对位置、区域环境、区域交通、厂区规模、厂区类型、建筑形态、单体规模、建筑结构等厂区现状也是限制厂区功能重构的重要因素，在规划中应结合场地实际情况，合理选择适宜的功能。根据我国现有的旧工业建筑再生利用案例，大致可将功能重构分为不改变用地性质的功能重构与改变用地性质的功能重构两种模式，如表 1.8 所示。

区域空间格局协调要素 表 1.8

模式	分类	内容	项目实例
不改变用地性质	强化升级	旧工业厂区的功能重构应结合自身条件，可以考虑承继原有产业，对原产业链进行升级改造，而不是盲目进行功能替换	
	产业更新	有选择性地对原有工业进行转变，如德国鲁尔区	
改变用地性质	新兴产业用地	随着新科技的发展应运而生的新的行业，如生物技术、高端装备制造、新材料、新能源、影视制作等产业，具有综合效益高、能源消耗低、知识技术密集、成长潜力大的特点，是厂区功能重构最佳发展方向之一	
	居住用地	重构为居住建筑，如由英国伦敦十字街煤气储备站（Gasholders London）改造而成的住宅楼，一般适用于遗产价值较高的厂房；彻底推倒铲平建设现代化的住宅小区，如由北京第一机床厂翻建而成的建外 SOHO	
	公共管理与公共服务设施用地	文化设施用地。文化对于城市发展有巨大促进作用，通过文化与艺术带动衰败区域的复兴。将厂区与文化艺术相结合，提升厂区空间品质，提高城市文化品位，带动产业发展，推动区域经济增长，增强城市竞争力	
		体育设施用地。工业建筑具有较大的空间体量、牢固的结构、较长的使用寿命，与体育设施的要求不谋而合。如太原钢铁厂车间改造为体育馆	
	商业服务业设施用地	区位条件决定土地价值，区位较好的工业用地经常会被转换为具有高额利润的商业金融、办公用地。如由北京手表厂改造而成的北京双安商场	
	绿地与广场用地	城市开放空间。a. 旧工业厂区具有较高的美学价值；b. 我国城市生态系统面临巨大挑战，需要开放空间来加强生态城市建设；c. 当地居民对公园等开放休闲空间的需求与日俱增	
		后景观公园。是指依托于后工业景观，将场地内自然景观与人工要素合理规划设计，使之能够为市民提供休闲、娱乐、运动、科教等多种城市公共活动的公园，注重对工业遗产的保护开发。如西雅图煤气厂公园	

1.3.2.3　交通组织重构

（1）构建多层级的交通体系

旧工业厂区拥有独立的交通体系，与城市交通系统不相容，给区域交通系统的正常运转带来较大的影响，引发众多城市病，因此重新梳理交通系统是厂区空间重构的重要内容。旧工业厂区的交通问题很大程度上是因为与城市通勤不足引起的，改善旧工业厂区与周边地区的交通联系，疏通对外交通节点，建立厂区与城市间多层级连接，并保证各级道路间的有效联系，连接方式的多样化，可以避免单一路径的饱和而造成的拥堵。如图 1.9 所示，重构后的凤凰科技园在原有区域交通的基础上增设了多层级的交通体系，原有滞涩的交通体系被激活，区域又重新焕发生机。

在对旧工业厂区空间交通系统重构时，可考虑结合厂区景观，适当设计慢行系统。慢行系统不仅隐含了一种绿色环保的设计理念，还可以提供一种健康的工作生活状态。慢行交通系统可显著提高短程出行的效率，为使用者提供更多的路径选择，创造出一种舒适、宁静、安全、便捷的城市环境，同时也给人们面对面交流创造更多的机会，无形中增进了使用者的情感交流，更具人性化的关怀。

（2）合理布置停车设施

部分旧工业厂区在改造后缺乏停车空间，车辆随意停放，给园区环境和交通造成较大压力。为此，可在厂区某一位置或将某些建筑改造为停车场、停车库或停车楼等设施，增加厂区对静态交通的承载能力。北京新华 1949 创意产业园重构时就在厂区旁建造了立体停车场用以解决园区停车空间不足的问题，如图 1.10 所示。

图 1.9　凤凰科技园

图 1.10　新华 1949 创意产业园

1.3.2.4　景观环境重构

（1）生态恢复

生态环境是人们赖以生存的基础，传统的景观设计是在规定场地中设计出满足各项要求的景观，而生态设计将生态学的原理和方法融入景观设计之中，使工业厂区生态环境向良性有序方向演化。对于受到污染的旧工业厂区要把自然生态系统的恢复设计与景观设计相结合，通过一系列生态恢复与景观设计手段的运行，使区域内的生态平衡得以重构。生态设计不仅可以为市民提供良好的生态环境，还可以提供具有良好品质的景观环境，提高人们生活质量。

生态恢复是指在解除生态系统所承受的负面压力的前提下，让生态系统依靠自我调节的能力，辅以人工措施，使遭到破坏的生态系统逐步恢复的过程。常用的生态恢复技术有：土壤改造、土地复垦、生物修复、植被恢复、人工湿地等。如图 1.11 所示，在鲁尔区旧工业厂区进行更新改造的时候，就运用了大量生态恢复措施，取得了显著效果。

(a) 厂区整体

(b) 厂区内景

图 1.11　德国鲁尔工业区

(2) 创造多层级景观环境

由于旧工业厂区的内向性与封闭性，工厂内景观是一种较为独立的存在，在空间重构的同时可以考虑打破边界或者采用软质边界，使旧工业厂区的景观系统可以与城市景观系统相互渗透融合。在景观设计时，要与厂区的空间形态相结合，围绕厂区的外部空间系统打造多层级的景观层次。如图 1.12 所示，北京郎园 Vintage 创意产业园，园区在改造之初就确立了低碳环保的理念，方案打破原有厂区闭塞的空间，打造了一个步行化的创意园区，将厂区景观融入城市之中，方案还最大程度地保留了原有的工业厂房与植被，将其作为景观要素与园区的外部空间相结合，形成了多层级的景观体系。此外，设计结合了立体式园林景观，让爬山虎爬满墙面，不仅创造了舒适怡人的空间，还可以节约资源。

旧工业厂区是工业生产的产物，拥有丰富的人文景观，工业建筑的结构、空间、材料、色彩等具有一种特殊的艺术表现力。同时旧工业建筑区还是一种形式特殊的建筑群，在城市中形成了特殊的产业风貌，是城市特色的标志，可以作为城市的特殊景观处理。在设计时将生态景观与人文景观相结合，在建筑与自然之间寻找结合的突破点，各要素相互整合，充分利用各自的优势，取长补短，相互促进，发挥更好的综合效果。这样既可以增加厂区景观的观赏性，还可以强化区域内的生态系统，增加生物多样性。例如，工业厂区的人文景观往往具有较强视觉冲击力与感染力，在景观设计时可以重新挖掘建筑

(a) 入口

(b) 街景

图 1.12　北京郎园 Vintage 创意产业园

物、构筑物、工业器械的价值，使其功能化、标识化、符号化，如图 1.13、图 1.14 所示。这样不仅可以给废弃建筑物、构筑物、工业器械带来新的生命，增加景观层次，还可以延续工业文脉，传承场所精神。

图 1.13　成都东郊记忆景观小品

图 1.14　老钢厂创意产业园景观小品

1.3.3　厂区重构安全规划模式

旧工业厂区绿色重构的安全建构，首先应该以合理的模式定位展开。科学合理的模式定位，可以最大化建筑的既有价值，减少拆除投入，在项目模式选择上实现绿色再生；在项目定位上，致力于选择更加节能环保的经营业态。

常见的重构模式包括创意产业园、博物馆、商业、公园绿地、艺术中心、学校、办公、住宅、宾馆等。如图 1.15 所示，受建筑特点和目标功能匹配度的影响，不同建筑类型对应的重构模式有一定规律可循。

调研旧工业厂区绿色重构项目重构模式分布情况如表 1.9 所示。其中改造为创意产业园项目占总调研项目的 42.5%，比重首屈一指，宾馆、博物馆次之。

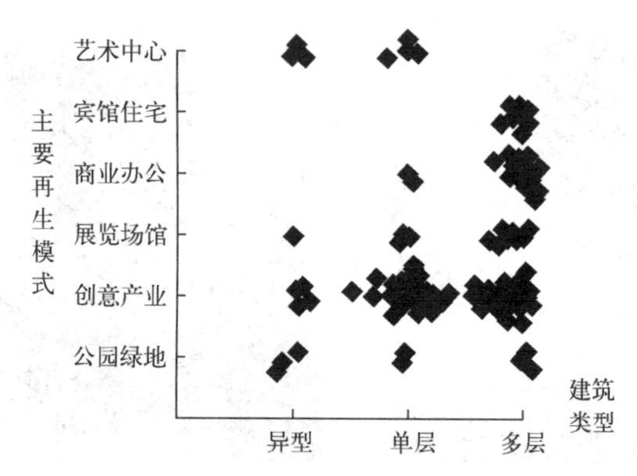

图 1.15 旧工业厂区绿色重构项目建筑类型与重构模式

旧工业厂区绿色重构模式分布 表 1.9

重构模式	比例	重构模式	比例
创意产业园	42.5%	学校	2.8%
博物馆	11.3%	办公	4.7%
商业	7.5%	住宅	2.8%
公园绿地	6.6%	宾馆	13.2%
艺术中心	5.7%	其他	2.9%

不同类型的旧工业厂区适用不同的重构模式，而作为旧工业厂区绿色重构的基本模式的选择见表 1.10，而组合模式的选择，根据影响再生利用模式的特征类型，可参照现行《旧工业建筑再生利用技术标准》T/CMCA 4001。

旧工业厂区绿色重构基本模式选择 表 1.10

基本模式	宜符合规定
商业场所	建筑系数 50% 及以上，单层或双层建筑，处于商业休闲消费区，经济发达，主要出入口到达公共交通站点距离小于 500m，且社会文明程度较高
办公场所	厂区占地面积小于 1 万平方米，建筑系数 50% 及以上，多层建筑，距离行政或商业办公区较近，主要出入口到达公共交通站点距离小于 800m，经济发达程度较高，社会文明程度及生态环境状况良好
场馆类建筑	建筑系数 50% 以下，层高 6m 及以上，主要出入口到达公共交通站点距离小于 800m，社会文明程度及生态环境状况良好
居住类建筑	厂区占地面积小于 1 万平方米，建筑系数 50% 及以上，双层或多层建筑，处于生活居住区域或商业办公区域，主要出入口到达公共交通站点距离小于 800m，社会文明程度及生态环境状况良好
遗址景观公园	厂区占地面积 10 万平方米以上，建筑系数 30% 以下，主要出入口到达公共交通站点小于 800m
教育园区	厂区占地面积 1 万平方米以上，建筑系数 50% 以下，主要出入口到达公共交通站点距离小于 500m，社会文明程度较高
创意产业园	厂区占地面积 1 万平方米以上，建筑系数 50% 以下，建筑结构形式较多，主要出入口到达公共交通站点距离小于 500m，区域经济一般，社会文明程度较高且生态环境良好
特色小镇	厂区占地面积 10 万平方米以上，建筑系数 50% 以下，建筑结构形式较多，区域经济一般，社会文明程度较高且生态环境良好

第2章　空间绿色重构安全规划

2.1　空间绿色重构基础

2.1.1　空间绿色重构基本概念

2.1.1.1　城市空间

（1）基本定义

空间作为社会与文化的一种存在形式，从空间社会学的角度，通常被赋予政治、文化、时间、结构等多重含义。城市空间则是建筑学与城市设计所研究的重要内容，主要对以城市空间物质性要素为基础的三维空间的环境品质进行研究，不同学者对城市空间理论的研究如表2.1所示。

不同学者对城市空间理论的研究　　　　表2.1

学者	主要观点
曼纽尔·卡斯特尔 Manuel Castells	对城市空间有多种层面的解释，包括“城市是社会的表现”、“空间是结晶化的时间”等
罗伯特·克莱尔 Robert Krier	在著作《城市空间》中，认为是由街道和广场两种要素构成城市空间，并通过广场空间的三原型（方形、圆形和三角形）与街道之间的相互关系对其进一步描述
约翰·O·西蒙兹 John O. Simonds	强调在进行空间布置时，不仅要考虑空间要素的位置关系，还要考虑要素与所有享用空间的人的关系

（2）结构解析

城市空间结构是指城市各要素在城市地域空间中所处的位置及运营过程中的形态，不仅包括由城市物质设施构成的线性结构，还包括社会结构、经济结构、生态结构、体制结构等内在的、相对隐性的深层结构，如图2.1所示。

虽然各类结构有着各自不同的形成过程和变动水平，但均按照一定的组织方式相互支撑并推动城市的运转，众多因素的综合作用使得城市空间这一复杂载体逐步形成独有的发展规律，并完成其特定的使命与任务。

（3）要素控制

不同的空间层面决定了城市空间结构要素的多层次性，城市空间结构要素分类如表2.2所示。

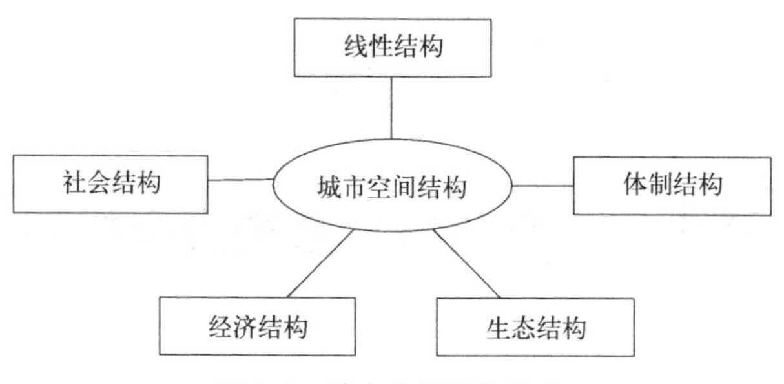

图 2.1 城市空间结构组成

城市空间结构要素 表 2.2

要素	主要内容
节点	城市由不同性质、功能的用地组成，包括商业、住宅、工业、金融等实体空间。这些实体空间成为居民的集聚活动场所，形成城市的节点
梯度	在市场经济作用下，不同区位土地效益和价格各不相同。一般金融区土地投入产出效率最高，形成城市的核心区；其他类型用地的节点则围绕中心区呈现由核心向边缘的空间梯度
通道	由于梯度的客观存在，各个节点间物质、信息的流动形成通道。主要有生产协作通道、商品流通通道、技术扩散通道、资金融通通道、劳动力流动通道、信息传递通道等
网络	节点与通道组成城市空间的网络系统，通过多种渠道与方式实现多部门、多系统及多企业之间千丝万缕的社会经济联系
环与面	由网络的边界构成不同的环，由环生成各具特色的面，形成城市的社区和功能区

2.1.1.2 工业空间

(1) 基本定义

工业是指原料采集与产品加工制造的产业或工程，是我国第二产业的重要组成部分，主要分为轻工业和重工业两大类。而工业空间的初始概念为工业经济发展的区位分布，微观层面可以是聚落区域层面的工业经济体分布，宏观层面则表现为都市连绵区，甚至国家或全球经济体的空间分布。本书暂以微观层面的工业空间入手，并考虑随空间分布、时间演变，工业空间将展现的流动性与阶段性等特点。

(2) 理论研究

在国内外专家学者的不断丰富下，工业空间布局理论形成了多种理论流派，不同学者对于工业空间布局理论的研究如表 2.3 所示。

不同学者工业空间布局理论的研究 表 2.3

流派	学者	主要观点
成本学派理论	胡佛 (Hoover E. M.)	提出运输区位论，认为生产成本是工业空间布局的决定性因素
市场学派理论	廖什 (Losch)	1940 年出版《区位经济学》，开拓了区域工业布局新领域，详尽解释了工业区位理论以及市场区位理论等
增长极理论	佩鲁 (F. Perroux)	提出在经济发展进程中，已有支柱产业与产业链集聚地会产生强大吸引力带动其腹地进入经济发展快速进化阶段

我国经济特区的设立、开放城市的确定以及各类开发区的建设，都是利用“增长极限”理论对市场行为进行规范引导的实例。伴随着经济全球化和城市化进程的革新，工业空间重构也在不断进化，相关影响因素也日趋全面复杂。

（3）要素控制

工业空间布局在工业起源时是针对市场化因素的影响而进行演变，如今在城市社会经济愈加复杂的状况下，它的影响因素也愈加丰富，但无论非市场化因素如何作用，都无法改变地区资源禀赋和自然条件对工业空间的约束。

城市文脉作为城市诞生和演进过程中形成的一种特殊生活方式，直观展示城市在不同阶段留存下来的历史印记，是城市彼此区分的重要标志。为了避免市场经济与商业化对民俗、传统文化的侵蚀，致使城市特色的消失与历史文化的割裂，现代城市发展应尊重城市的发展历史，拒绝一蹴而就、大规模拆建的更新方式，强调城市有机整体性的更新方式。

2.1.1.3 厂区空间

（1）基本定义

厂区空间包括厂区的室内空间和室外空间，如图 2.2 所示。室内空间即为厂区内建（构）筑物内部的空间环境，是生产、办公的场所；室外空间即为厂区内、建（构）筑物以外的空间环境，是具有一定的游憩行为功能、文化体验功能和对外交流功能的多元化空间环境。

（a）室内空间

（b）室外空间

图 2.2 厂区空间构成

（2）研究内容

旧工业厂区空间肌理的研究主要针对厂区内建（构）筑物和建筑之间的公共空间以及局部延伸到建筑内的半公共空间所形成的相互关系，这是城市空间形态的二维反映，即旧工业厂区自身的肌理与空间特征。旧工业厂区空间重构设计的研究主要分为内部空间重构设计与外部空间重构设计两类，如图 2.3 所示。

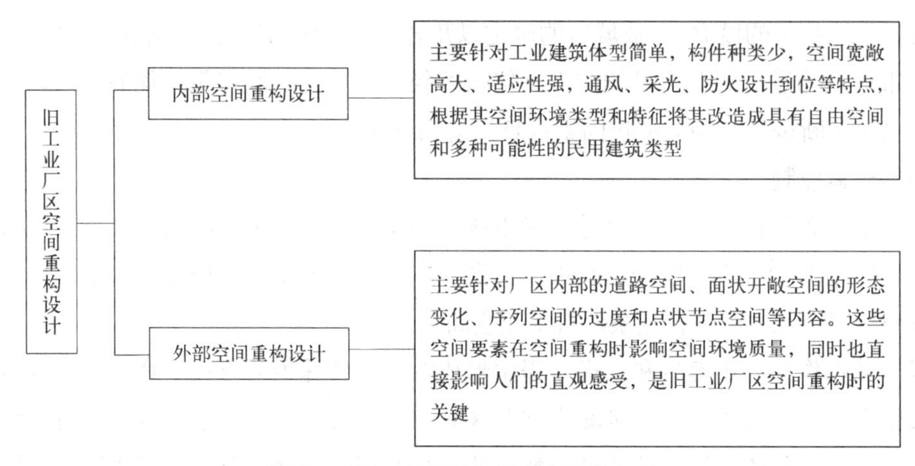

图 2.3 旧工业厂区空间重构设计分类

（3）要素控制

旧工业厂区作为城市文明进程的见证者，是关于城市工业化时代最直观的“城市博物馆”。通过对旧工业厂区绿色重构延续城市工业历史文脉，是我们认识历史的重要途径和线索。区别于传统的重构方式，绿色重构通过专业的技术手段对原工业企业的建筑文化、工艺文化、人本文化、企业文化、创新文化、绿色文化等既有的、可挖掘的物质精神形态进行保护，使城市在不断更新中延续和保留非物质文化遗产与工业遗产，并且在重构设计过程中运用绿色节能技术将旧工业厂区的肌理和空间特征进行延伸，进一步保留、发扬其工业文化记忆。

因此，旧工业厂区空间绿色重构安全规划是一项以厂区安全为基本准则，绿色生态为目标要求，通过空间设计手法与安全控制措施对旧工业厂区进行空间重构的规划设计工作，具体工作内容包括总平面布置与竖向布置安全设计、建（构）筑物安全与设施设备安全控制两大方面。

2.1.2 空间绿色重构影响因素

2.1.2.1 环境因素

空间的诞生应建立在功能确定的基础上，而功能的确定则需要综合空间范围内人文、地域等各项需求。地域风格的产生源于建筑所处地区不同，因此其空间、体量、形式、风格在形成期都会受到地域特点潜移默化的影响。以我国为例，北方的建筑体量较大，常以古朴粗犷、高大敦实为特点，而南方的建筑则体量较小，多依据水网而建，样式轻叠灵巧、清丽婉约，如图 2.4 所示。

自 20 世纪以来，我国建筑传统风格受到现代主义、国际主义等西方建筑思潮的冲击，但基于我国广阔的地域范围与鲜明的地区差异，传统建筑风格已在漫长发展过程中形成了成熟深厚的体系，各种新型建筑的产生或多或少带有本土化的倾向。加之近年来文化保护意识的普及与增强，许多类型的建筑风格在大多数情况下表现为一种“文化折中”的形式，既能感受到外来思潮的影响，在细微处又散发着浓郁的本土气息，使人们能够与建筑在心理上迅速融合，建立起良好的交互性。

(a) 北方建筑

(b) 南方建筑

图 2.4　不同地域建筑对比

2.1.2.2　社会因素

(1) 历史文本的传承

历史性元素的保护是旧工业厂区重构的首要任务。建筑空间是一面能够体现时代特征的“镜子”，不同的社会文明都为当代建筑打下深深的时代烙印。一旦失去了空间的原真性，就失去历史的“灵魂”。旧工业建筑以其广袤宽阔的空间反映了工业时代对于此类建筑功能至上的要求，体现了旧工业建筑特有的空间秩序美感，应通过对其空间形象的重新书写唤醒人们对历史的尊重。

(2) 时代选择的更迭

随着社会的不断进步，社会文化的更新愈发迅速，人们对于事物的认知受到新旧标准的多重制约。工业时代，人们追求社会化生产以满足对物质富足的需求，强调“大批量”与“标准化”;而在信息时代,社会的信息化使人类以更快的方式获取并传递文明成果,通过虚拟手段实现信息在全球的交互性与开放性。因此,每一种元素都将对空间产生影响。旧工业建筑是新旧共生的产物,可容纳不同时期的符号,恰当地使用符合建筑性格的符号,可以让原有陈旧的空间焕发出新的生机，打造出既有历史文化韵味，又富有当前时代气息的空间氛围。

2.1.2.3　经济因素

在许多旧工业建筑仍具有良好结构体系与围护构件的情况下，大部分旧工业建筑具有一定的重构价值。相比拆除、新建的方式，对旧工业建筑进行重构能够节省建设资金、缩短建设周期，又能够最大限度地利用建筑原有结构与构件。除此之外，在对厂区部分基础设施与绿化合理利用的前提下，工业厂区的大尺度空间为现代社会大型活动与事件的发生提供了更多可能性。

2.1.2.4 技术因素

随着科学技术的发展，绿色建筑设计及绿色节能技术对空间重构的影响越来越大，如表 2.4 所示。绿色建筑设计，本质上是指在满足自然生态系统客观规律的前提下，力求建筑与生态和谐共生。基于客观生态系统现有条件，对项目进行一种可持续、可再生、可循环的全生命周期建筑设计。从范围讲可分为整体绿色设计和单体绿色设计。

空间绿色重构技术影响因素　　表 2.4

分类		主要内容
绿色建筑设计	整体绿色设计	设计对象为由多个单体及公共空间构成的整体区域
	单体绿色设计	设计对象为独立的建（构）筑物
绿色节能技术		在保证使用功能和室内热环境质量基础上，减少能源消耗的技术措施

旧工业厂区的绿色节能技术通常体现在围护结构、能源利用、绿化优化、资源循环利用四个方面，如表 2.5 所示。

空间重构绿色节能技术　　表 2.5

技术分类	技术内容	发展现状
围护结构节能技术	外墙节能改造技术 屋面节能改造技术	旧工业厂区围护结构的保温隔热性能普遍较差，重构时应大幅提升其保温隔热性能要求
能源利用技术	太阳能利用技术 风能利用技术 地源热泵利用技术	太阳能利用技术主要是通过太阳能获得热、电、光能，进而为建筑提供能源支持。风能利用技术是将风能通过风力机转化为电、热、机械能等各种形式的能量。地源热泵技术通过浅层地热资源，达到既可供热又可制冷的效果
绿化优化技术	屋面绿化 垂直绿化	屋面绿化是通过在屋顶种植绿色植被，利用叶面的蒸腾作用增加发散热量，具有良好的夏季隔热、冬季保温特性和良好的热稳定性，且能有效遏制太阳辐射及高温对屋面的不利影响。垂直绿化是指以植物装饰建筑物外墙的一种立体绿化形式，可使建筑物冬暖夏凉，兼具吸收噪声、滞纳灰尘、净化空气等功能
资源循环利用技术	废旧材料再利用 水资源再利用	废旧材料再利用方式可分为建筑废旧材料再利用与设备废旧材料再利用两种。水资源再利用主要涉及雨水利用与中水利用

2.1.3 空间绿色重构基本原则

2.1.3.1 环境可持续性

纵观人类发展的 5000 多年历史，城市逐渐从自然环境中建立起来，过度的工业生产片面地满足了人们的物质需要，单一的以物质利益为中心的价值观把城市空间的发展单向化、简单化，更破坏了大环境中各种功能的有机联系与协调发展。现在人们意识到工业与自然的“二分法”本质上是一种错觉，维系人类生存的环境始终存在，且工业生产消耗的物品都是自然所产，传统生产只是一种物质转换，必须以新的工业和城市发展方式来协调与自然的关系，必须坚持可持续发展的原则，杜绝生态环境遭受破坏。

2.1.3.2　经济可持续性

经济是影响城市形态的最重要因素，经济功能也是城市的核心功能。改革开放以来，我国工业化进程不断加快，经济体系建设取得了显著效果。但为了削弱城市空间扩散过程中由距离引起的阻力，进一步推动城市区域在空间层面上的迅速蔓延，维持经济发展的持续性具有重大意义。

社会经济发展和技术进步使城市中出现新的功能或导致原有的部分功能逐渐衰退，致使城市空间形态与城市主导功能产生矛盾，从而推动城市空间形态的演变。应从入世带来的机遇与挑战出发，不断增强城市空间经济的持久竞争力，始终保持经济的活力与优势，加快科学技术提升效率，延伸城市各种功能的地域分布，使城市居民的活动打破时空限制，从而对城市空间形态的演变起着不可替代的作用。

2.1.3.3　历史可持续性

历史悠久的城市如同生命体，拥有从起源至生长过程中的不断繁衍的内在规律。这种规律支配着城市空间的连续性，并控制其向更高的阶段发展。城市空间历史的延续，是城市能够在不断发展变化中保持基本结构的重要原因。工业化在一定程度上破坏了城市的原有结构，但是在工业时代之后，可持续发展的规律依旧会支配城市空间发展。工业空间如何转型才能适应未来城市发展，这是一个同时具有社会性、物质性和象征性的课题，更是城市在发展变化中能够持续生存下去的根本。

2.2　总平面布置安全设计

2.2.1　总平面布置安全设计理念

2.2.1.1　总平面布置安全设计定义

总平面布置安全设计是指在既定总体规划的基础上，根据生产、使用、安全、卫生等要求，综合利用环境条件，分析项目中潜在危险源，合理确定场地上所有建（构）筑物、交通、管线、绿化等设施的平面布置，获得基于安全考虑的设计成果，以确保项目运营中各种要素及功能得以顺利完成。

2.2.1.2　总平面布置安全设计内涵

总平面布置安全设计内涵如图 2.5 所示，因此在总平面布置时必须满足其内涵要求。首先从全局出发，结合实际情况，满足厂区绿色重构并实现其安全性的基本需求；其次，针对厂区重构模式，进行多方案比选，以便提高建设投资的经济效益；最后，在达到安全重构的基础上，尽可能降低生产能耗，体现绿色重构追求的环境保护内涵。

2.2.1.3　总平面布置安全设计特征

总平面布置安全设计是一项政策性、系统性、综合性很强的设计工作，涉及面较广，遇到的矛盾也是错综复杂，主要特征如图 2.6 所示。

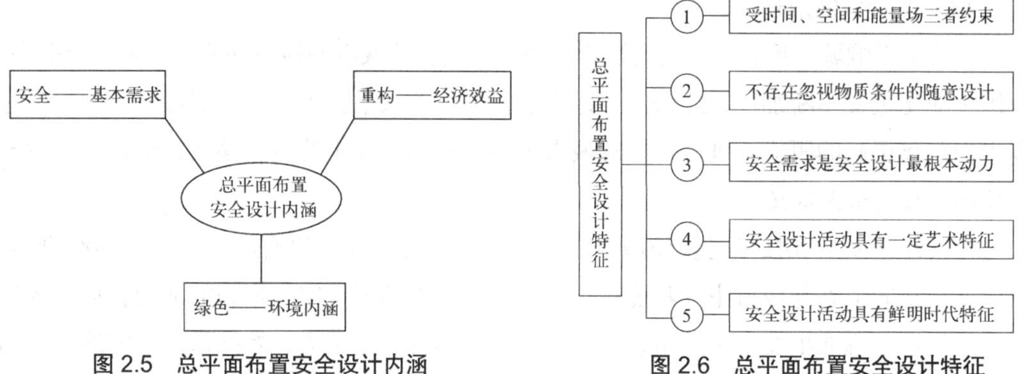

图 2.5　总平面布置安全设计内涵

图 2.6　总平面布置安全设计特征

(1) 安全设计活动本身是在特定时空和能量场内进行，而安全设计均受到安全科学技术、安全认知及安全创新思维水平等影响，必然存在客观局限性。

(2) 不存在忽视物质条件的随意安全设计，安全设计中必须考虑使用工程材料和安全方案设计所需动力和资源来源等方面。

(3) 实现安全目的并赋予安全设计结果特定安全使命的过程，即表现为安全设计的安全需求性特征。

(4) 安全设计由安全技术设计、经济设计、艺术设计等共同组成，且艺术设计在其中发挥着举足轻重的作用。

(5) 安全设计是在特定安全科学技术背景中产生并演化，时代变化、科学进步都会赋予安全设计新的思潮。

2.2.2　总平面布置安全设计内容

2.2.2.1　总平面布置安全设计原则

(1) 强制性原则

总平面设计必须认真贯彻国家有关法律、法规和方针，遵循当地城市规划或工业区规划政策，依据可行性研究报告的要求进行。在具体设计时，必须具备完整的设计基础资料和必要的协议文件。

(2) 综合性原则

在总体规划的基础上，厂区总平面布置设计应全面考虑重构模式、防火、安全、卫生、施工等要求，结合厂区地形、地质、气象等自然条件，对厂区所有单体、管网、交通、环境等进行平面布置设计，最大限度节约用地、节省投资。

(3) 可持续性原则

分期建设的项目，应妥善处理近期建设与后期建设的关系，尽量使初期布置紧凑，为后期建设创造正常运营和施工的条件，同时应考虑后期建设对初期运营的影响。

2.2.2.2　总平面布置安全设计要求

(1) 布置紧凑合理，节约建设用地

在总平面设计时，应合理布置建（构）筑物、交通路线，可采取以下措施：合理缩小建（构）筑物间距，因地制宜设计合理建筑外形；集中布置单体，提高建筑层数和建筑系数；共沟、共架布设管线；合理预留发展，分期征用土地等。

(2) 根据自然条件，因地制宜布置

总平面布置应充分考虑厂区自然条件，根据厂区场地地形，选择合理的总平面布置形式，以便建（构）筑物布置与地形相适应，最终为运营创造有利条件。当场地平坦方正时，一般可采用平坡布置形式；当场地地形坡度较大时，可考虑阶梯布置形式。根据当地的气候条件、地理环境、建筑用地、使用性质等要求合理确定厂区方位，使建筑物的交通系统与厂区长轴结合起来构成平行垂直布局，以达到总平面布置合理且便于工程施工的效果。

(3) 符合防护间距，确保运营安全

当建（构）筑物根据厂区重构模式确定好平面相对位置后，依据有关防护要求，需合理确定建（构）筑物间距。

①防火要求

总平面布置应符合防火要求，影响防火间距的因素比较复杂（见表 2.6），应按照建筑设计防火规范的规定布置建（构）筑物。

总平面布置安全设计防火间距影响因素　　表 2.6

影响因素	补充
建筑物的特征	建筑物的耐火等级、建筑物门窗的数量及面积等
建筑物内堆放的物品特性	物品的可燃程度
失火时的风向、风速、温度、湿度	—
建筑物的相对高度和建筑物之间有无阻隔	—
消防队到达现场的快慢和消防力量的强弱	消防队一般在 5 ～ 20min 内应赶至现场
仓库中的设备有无保证	—
可燃物的燃烧点和特征	颜色不同吸收辐射热也不同
厂房、民用建筑的防火间距规定	—

②防爆要求

当易（可）燃液体的蒸汽或粉尘纤维等与空气构成一定浓度的混合物后，若遇到明火可能引起爆炸，防爆工作就是对这类情况提出的必要预防措施，可从平面位置、防护间距、防护措施三个方面展开，如图 2.7 所示。

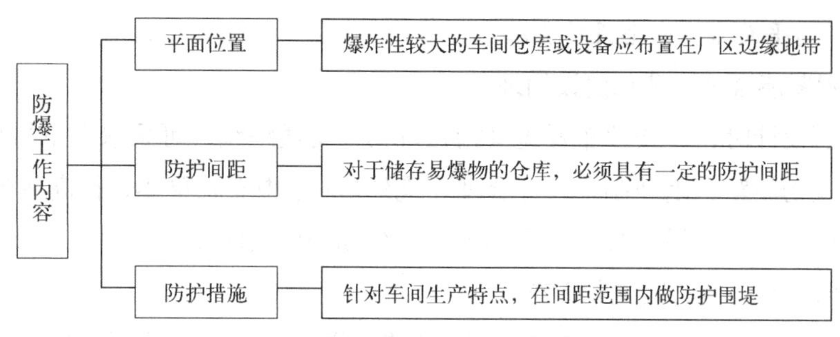

图 2.7 总平面布置安全设计防爆工作内容

③防噪声要求

为保障厂区声环境，可采取以下防噪声措施：在满足其他要求的前提下，尽可能集中布置噪声大的建筑，且布置于凹地内，以减少噪声的扩散；隔声要求高的建筑尽量避开声源，宜置于盛行风向的上风侧；合理布置厂区绿化，反射与吸收声能，降低厂区环境噪声。

2.2.3 总平面布置安全设计优化

2.2.3.1 摆样块优化法和圆圈布置优化法

(1) 摆样块优化法

摆样块优化法主要依据功能流程示意图、物流图、人流图及物流表，以最低限度运输费为目标，凭借实践经验与反复试验将按照一定比例制作的样块，在已初具雏形的厂址地形图上根据最佳功能流程或物流流程，来回移动，进行试布置，直至满足总平面布置安全设计各项内容。

(2) 圆圈布置优化法

圆圈布置优化法是将重要单体布置在圆上或多角形的角点上，并用箭头或连线表示他们之间的关系，然后在圆圈内部，对其位置进行调整。为保证关系密切的单体邻近，相关性紧密的单体在连线时不要横穿圆圈，宜沿圆圈的同侧布置，如图 2.8 所示，而该方法也初步证实了优化布置的可行性。

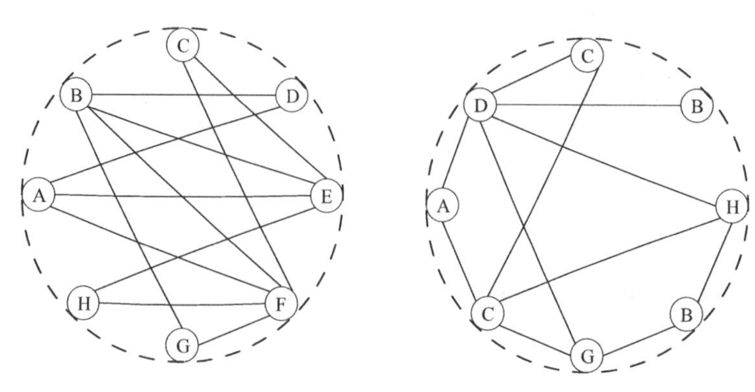

图 2.8 圆圈布置优化法

2.2.3.2　数学分析优化法

(1) 结构布置法

结构布置法首先将厂区核心建(构)筑物布置在一个确定位置上，如在三角形或四角形的网络上，然后再选出与已固定位置的对象有强烈交互关系的建(构)筑物，并对它们进行布置，其优化原理如图 2.9 所示。

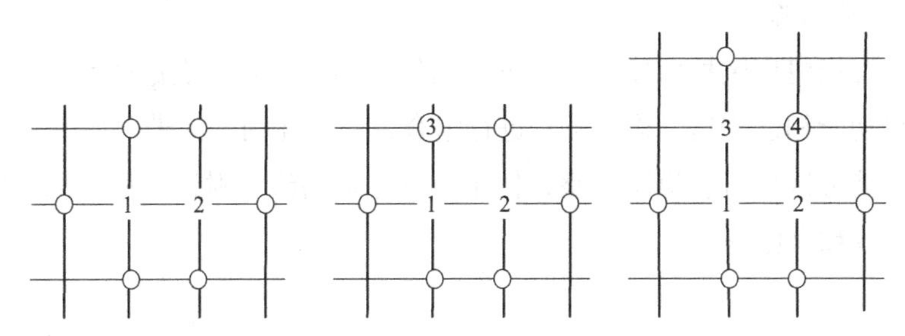

图 2.9　结构法优化原理

(2) 交换法

交换法是以一个现有的或由人工简单指定的工作单元进行交换，不断调整方案目标值，当目标值达到下限，并且已完成预先确定的交换数量时，则可停止交换。交换布置优化流程如图 2.10 所示。

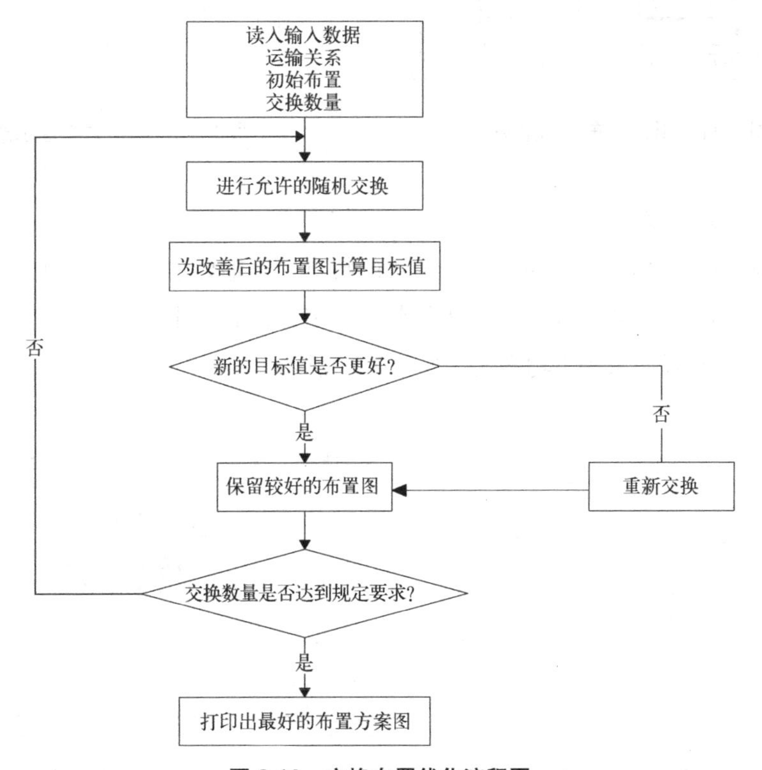

图 2.10　交换布置优化流程图

2.2.4 总平面布置安全设计形式

2.2.4.1 周边式布置

周边式布置指建筑物沿着厂区四周红线或靠近红线布置，形成一个或几个内院，如图 2.11 所示。在一般情况下，把多层厂房或高大厂房布置在厂区外围，把单层厂房布置在内院，内院的室外场地应满足防火、日照、卫生要求，满足汽车停车场的面积和出入口要求。

2.2.4.2 区带式布置

区带式布置指将厂区按照建（构）筑物的使用功能，划分成宽度不等（或相等）的几个区带，将功能相近的建（构）筑物进行组合，布置在同一区带，如图 2.12 所示。这种布置形式功能分区明确、道路规整，便于布置运输路线、附设工程管网，同时也有利于组织建筑群体和绿化美化。

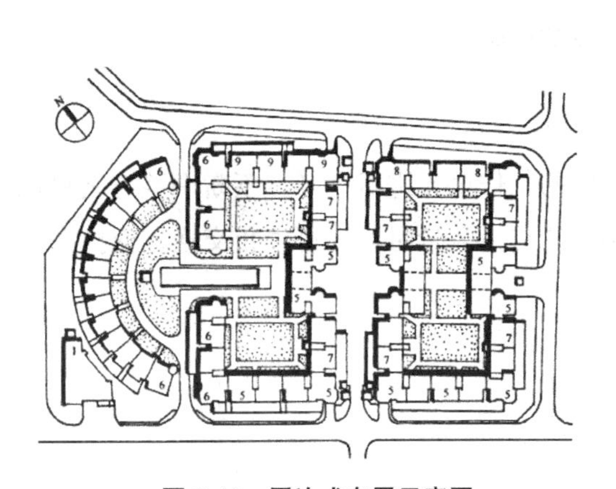

图 2.11 周边式布置示意图

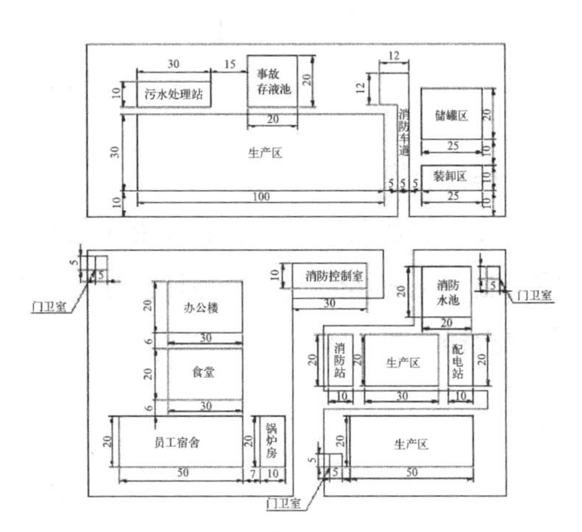

图 2.12 区带式布置示意图

2.2.4.3 不均齐式布置

不均齐式布置指由于厂区不同重构模式的特点、运输要求以及地形的变化，厂区总平面布置产生的一种区带长宽不一的不规整布置形式。若在山区和坡地建厂，受地形条件制约，总平面布置多采用不均齐式，如图 2.13 所示。

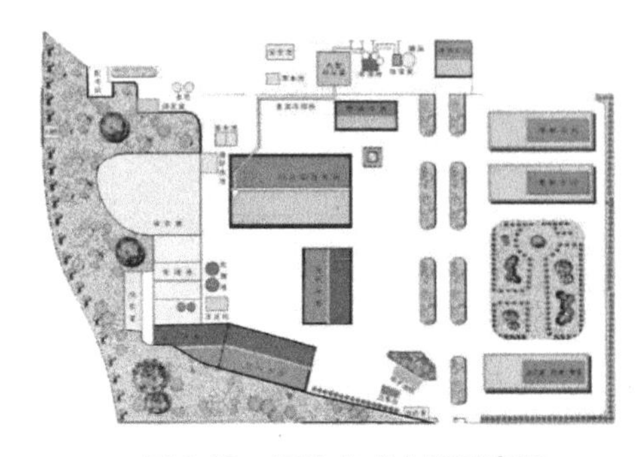

图 2.13 不均齐式布置示意图

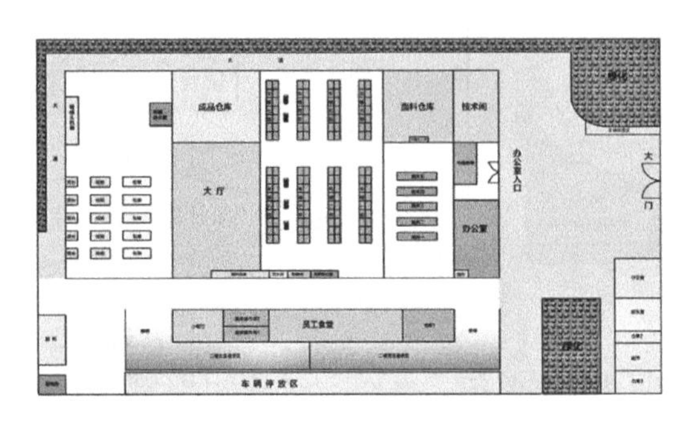

图 2.14 整片式布置示意图

2.2.4.4　整片式布置

整片式布置指将厂区内所有建筑物尽可能集中地布置在联合区域里，因而在厂区内就形成了一个连续整片的大建筑物，其余面积较小的辅助建筑物则根据使用功能可布置在其附近，如图 2.14 所示。整片式布置方便运营管理，节约建筑造价，但对场地要求较高。

2.3　竖向布置安全设计

2.3.1　竖向布置安全设计理念

2.3.1.1　竖向布置安全设计定义

竖向布置主要指通过改造厂区自然地形，使其适应项目建设与生产要求，并具体确定建设场地平面布局中每个因素，如建（构）筑物、道路、排水、供电等在地面标高线上的相互位置。竖向设计的合理与否对节约用地、基本投资、建设进度、安全生产、运营管理等均有着重大的影响。根据建（构）筑物的布置要求和交通运输线路的技术条件，正确地进行竖向设计，充分利用并改造地形，合理确定厂区场地标高，减少土方工程量，确保厂区安全，保证建设进度，节约资金投资。因此，做好厂区竖向设计不仅是厂区基本的设计要求，也是经济建设发展的必然需求。

2.3.1.2　竖向布置安全设计内涵

（1）竖向布置设计的任务

根据建设项目的使用要求，结合地形特点和施工技术条件，合理确定建筑物、构筑物、道路等标高，做到充分利用地形，少挖填土石方，保证设计经济合理。

（2）竖向布置设计的内容

根据地形、工程地质、水文地质、气象、工艺过程、厂内外运输、管网布置、施工方式等条件，在进行总平面设计的同时，完成下列各项工作，设计内容见表 2.7。

竖向布置安全设计内容　　**表 2.7**

对象	内容	说明
竖向布置设计	确定竖向布置形式	如平坡式、阶梯式、混合式
	确定场地平整方式	如连续式、重点式
	确定标高	如场地、建（构）筑物、道路等
	确定排水方式	并设计排水构筑物
	确定台阶、边坡的加固类型	如挡土墙、护坡、护墙等
	进行土方计算和土方平衡	—

（3）竖向布置设计的基础资料

①地形图：包括厂址地形图和厂区地形图。

②工业场地的工程地质和水文地质资料。

③工厂总平面布置图。

④厂区外交通线路平面图，纵、横断面图。

⑤工业场地雨水排出的流向和排出口的有关资料，如雨水排入河、渠时，必须有河、渠的最高水位及所在地区降雨强度、流向场地径流面积等资料。

2.3.1.3 竖向布置安全设计特点

竖向设计是工厂总平面设计的重要组成部分，竖向设计和平面布置是同时进行的。因此，竖向布置和总平面布置是同一物体的两个方面，他们是密切联系而不可分割的。合理的总平面设计不仅取决于总平面布置，而且与竖向设计的关系极大，在做平面布置时必须考虑到竖向设计的合理性，在竖向设计时，也要对平面布置进行核查，如果二者不协调，还需要对平面位置做必要的调整。

2.3.2 竖向布置安全设计内容

2.3.2.1 竖向布置安全设计原则

竖向布置设计需要满足六大原则，如表2.8所示。

竖向布置安全设计原则 表2.8

对象	主要内容
竖向布置设计原则	满足建（构）筑物的使用功能要求
	结合自然地形、减少土方量
	满足道路布局合理的技术要求
	解决场地排水问题
	满足工程建设与使用的地质、水文等要求
	满足建筑基础埋深、工程管线敷设的要求

2.3.2.2 竖向布置安全设计要求

（1）符合地形和地质条件

建(构)筑物应布置在地质良好地段,对地下水位高的地段,尽可能避免挖方。当建(构)筑物有大量地下工程时，可利用厂区低洼地；当地形有条件时，可利用山头建立高位水池。

（2）节约土石方工程量

利用地形节约土石方工程量，不但可减少投资，而且可加快建设进度。总平面布置应与竖向布置统一考虑，充分利用地形，合理地确定场地及建（构）筑物的设计标高，力求土石方工程量最小，并使填、挖方接近平衡。

(3) 保证场地排水通畅，注意防洪排涝

合理划分汇水区，并组织排水干渠系统，保证地面水以最短途径排至场外。如在山区场地建厂，需在场地上方设截水沟。而在平坦地区，场地纵轴应与等高线成一定角度布置，以利场地排水。场地附近如有河流通过，一旦水流对场地造成不利影响，应采取防护措施。

(4) 考虑建（构）筑物基础埋设深度要求

确定填土深度时，应考虑建（构）筑物基础埋设深度，不应因填土过深而增加基础工程量。

2.3.3　竖向布置安全设计形式

2.3.3.1　竖向布置形式分类

竖向设计的布置形式系指工业场地各主要设计整平面之间的连接方法，通常分为平坡式、阶梯式和混合式三种。

(1) 平坡式布置

平坡式就是把厂区场地处理成接近于自然地形的一个或几个坡向的整平面，彼此之间连接处设计坡度和设计标高没有明显的高差变化。平坡式布置分水平型、斜面型、组合型三种。

(2) 阶梯式布置

阶梯式就是把厂区场地设计成若干个台阶并以陡坡或挡土墙相连接而成，各主要整平面连接处有明显高差，且一般在 1m 以上。阶梯式的布置按其场地倾斜方向可分为三种形式：单向降低的阶梯、由场地中间向边缘降低的阶梯、由场地边缘向中间降低的阶梯，如图 2.15 所示。

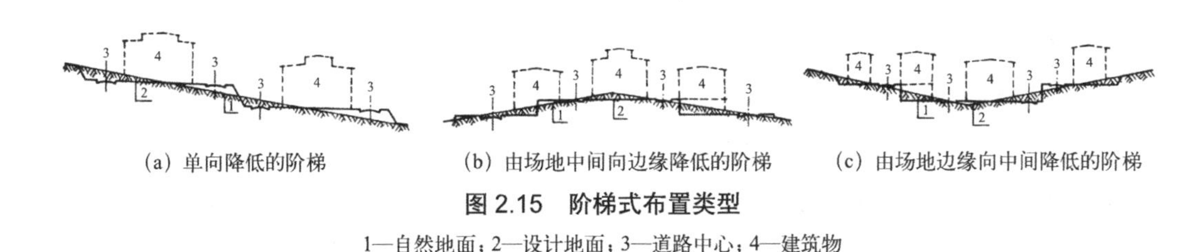

(a) 单向降低的阶梯　(b) 由场地中间向边缘降低的阶梯　(c) 由场地边缘向中间降低的阶梯

图 2.15　阶梯式布置类型

1—自然地面；2—设计地面；3—道路中心；4—建筑物

(3) 混合式布置

混合式就是厂区场地设计地面由若干个平坡和台阶混合组成，即为混合式布置。

2.3.3.2　竖向布置形式比较

水平型的平坡式布置有利于运输路线的布置和厂区的环境美化，一般仅在场地平坦和面积不大时采用，若采用暗管排雨水，场地面积很大时，也可采用。斜面型和组合型平坡式如与地形结合得当，也可减少土方工程，便于场地排雨水。

阶梯式的竖向布置通常适用于地势坡度较大，地形变化复杂的坡地，可以充分利用地形，节约土石方工程量和建（构）筑物的基础工程量，也有利于场地排雨水，但需设置较多的排水工程和挡护工程，且使平面布置、运输线路和管线布置复杂化。

2.3.3.3 竖向布置设计选择

竖向设计形式的选择主要取决于厂区场地的地形坡度、总平面布置程度、运输路线、管线技术条件、建（构）筑物基础埋设深度及施工条件等。一般在自然地形坡度小于3%，厂区宽度不大时，宜采用平坡式布置；当自然地形坡度大于3%，或自然地形坡度虽小于3%，但厂区宽度较大时，宜采用阶梯式布置；当自然地形坡度有缓有陡时，可考虑平坡与台阶混合式布置。

2.3.4 竖向布置安全设计要点

2.3.4.1 平土方式

平土方式是指对工业场地如何进行平整及挖填量等内容进行研究，平土方式主要分为连续式和重点式两类，如表2.9所示。具体平土方式的选择主要是依据场地地形、工程地质和水文地质条件、建（构）筑物的布置特点、竖向布置形式、交通运输线路和管网的密集程度等因素决定。对地形平坦的厂区，整个厂区可采用连续式平土；对山区坡地场地，由于地形及地质条件复杂，宜采用重点式平土。

平土方式分类　　表2.9

类型	主要内容
连续式	对整个场地连续地进行平整而不保留原自然地形
重点式	与建（构）筑物有关的区域进行平整，而场地的其余部分适当地保留原有地形

2.3.4.2 平土标高的确定

（1）方格网法

选定场地坐标系统后，沿坐标系统的基轴将场地分成适当大小的方格，方格的边长一般在初步设计中用20m、25m，在施工设计中用10m、20m、40m。方格网确定后，在每个方格网的角顶注明原地面标高，再根据上述影响因素确定纵横方向的设计坡度。以坐标原点O的设计标高C_0做水平截面，将体积分为水平截面以上和水平截面以下两部分，再分别计算各有关部分的体积（即土石方量）。

（2）断面法

采用将场地全部标高提高或降低统一高度的办法确定场地平土标高，首先在场地平土范围内布置断面，根据原有地形图的实际标高绘制横断面图，并在横断面图上画出假定的平土线（标高记为 H_0）。为计算方便，平土线的标高宜采用断面分布区内地形最低点，再计算由假定的平土标高线和自然地形所包围的断面积。

（3）经验估算法

根据场地具体地形、运输、生产和排水要求，在尽可能减少土石方工程量并使土方基本平衡的前提下，凭设计者的实践经验，初步估计出一个平土标高，并按此标高进行初步土方计算与平整。

2.3.4.3　建（构）筑物的竖向设计

（1）确定控制标高

控制标高指能够对建（构）筑物、道路、仓库等起控制作用的特殊点的设计标高，其作用是为了有效组织场地排水，协调厂区内外道路的标高。为此，在进行建（构）筑物竖向设计时，必须首先确定厂区特殊点的设计标高，包括厂区道路出入口的标高、场地最低点雨水、污水排出口的标高、场地最高点的标高以及周围高程的关系等。

（2）建（构）筑物的竖向处理

场地平土标高确定以后，就可确定厂区内建（构）筑物的设计标高，其中建（构）筑物地坪标高与厂区内道路纵坡标高的确定应得到重视。

①建筑物地坪标高的确定

为防止雨水进入建筑物内，应根据建筑物的使用性质合理确定其室内外地坪标高。在通常情况下，室内地坪标高应高于室外地坪标 15 ~ 30cm；对于有特殊要求的建筑物，应根据使用性质、运输要求等内容具体确定。

②道路纵坡标高的确定

厂区内部道路是人流、物流的主要联系设施，通常连接点较多，其纵断面坡度允许的变化范围相对较大，因此，道路纵坡标高应尽量与场地平整标高保持一致，对于厂区边缘地带也可采用路堤处理。

2.3.4.4　局部竖向处理

（1）两相邻建筑物间的标高处理

两相邻建筑物间无道路时，场地整平标高应确保建筑物间场地雨水能够顺利排出，再根据场地整平标高来确定建筑物室内地坪标高。当两相邻建筑物间利用道路路面排水，且高差不大时，两建筑物间的场地坡度标高应确保雨水顺利流向道路。当建筑物之间地坪存在高差，高地建筑物设有车间引道时，应利用道路路面或明沟排水。

（2）与道路连接的建筑物标高处理

建筑物一般通过引道、停车场或小型广场与道路连接。道路一般不进入建筑物内，因此处理建筑物与道路的连接标高，实际上是处理建筑物与其引道、停车场和小型广场的连接标高问题。当道路通入建筑物内时，建筑物地坪标高应高于道路路面标高，建筑物引道的坡度允许在 40‰ ~ 80‰，困难时可达 40‰ ~ 110‰。

（3）场地排雨水设计

场地排雨水设计是总平面设计的重要组成部分，也是竖向设计的重要任务之一。为保证厂区安全运营，必须使场地雨水有组织地迅速排出，为此要进行场地排雨水设计，设计内容主要是场地排雨水方式的选择，如表 2.10 所示。

场地排雨水方式 **表 2.10**

方式	定义	适用对象
自然排水方式	场地不设置任何排水设施，利用地形、地质和气象特点将雨水迅速排出	适用于雨量较小、场地自然坡度较大、渗水性强的土壤地区；当雨水排入沟、管存在困难，但局部、短期内积水较少地区
明沟排水方式	场地上只设置排雨水明沟而不设雨水管道。除一般的排水明沟外，还有城市型道路路面的排水槽、公路型道路的截水天沟、建筑物散水明沟等	适用于场地较小或存在适合于明沟排水的场地整平地面坡度的地区；厂区边缘地带；采用重点式平土方式地带；岩石地段等
暗管排水方式	场地上设置地面集水设置、雨水篦井、下水管道和检修井。一般有城市型道路路面排水槽暗管排水方式；公路型道路明沟暗管排水方式；建筑物散水明沟暗管排水方式；地漏暗管排水方式	适用于厂区场地平缓且不宜采用明沟排水的场地；大部分建筑物屋面采用内排水时；场地交通运输线路复杂或地下管线密集时；场地地下水位较高地段；厂区采用城市型道路对厂容环境要求较高；场地处于湿陷性黄土地区等

2.4 建（构）筑物安全控制

2.4.1 建（构）筑物安全控制理念

2.4.1.1 建（构）筑物安全定义

建（构）筑物安全是指在正常施工和正常使用条件下，既有结构应能承受可能出现的各种荷载作用和变形且不发生破坏，即在偶然事件发生后，结构仍能保持必要的整体稳定性的性能。

2.4.1.2 建（构）筑物安全控制内涵

建（构）筑物安全控制对建筑技术风险控制和施工安全控制都有着很大的影响。因此在实际设计过程中，要充分考虑建筑设计的安全度和合理性，实现对工程质量和造价的有效控制，更好地促使厂区内建筑价值的发挥。

因此，将建（构）筑物结构设计安全性进行层次划分——内力分析、截面设计、结构方案，在设计使用年限内同样对实际影响结构安全阶段进行划分——设计阶段、施工阶段、使用阶段。为进一步控制建（构）筑物安全，提出“结构安全等级”概念——为区别在近似概率论极限状态设计方法中，针对重要性不同的建（构）筑物应采用不同的结构可靠度。

2.4.1.3 建（构）筑物安全控制特点

结构安全主要取决于结构的设计与施工水准，同样也与结构的正确使用密不可分，总体而言建（构）筑物结构安全主要体现在结构构件承载能力的安全性、结构的整体性和耐久性。厂区建（构）筑物重构时，其加固改造工作一般可概括为现状鉴定、加固改造设计、施工与工程效果检验四个步骤，与之对应，厂区建（构）筑物的安全控制也应从这四个阶段入手。

2.4.2　结构可靠性安全控制

2.4.2.1　鉴定的类型

(1) 结构可靠性分类

结构功能的安全性、适用性及耐久性是否达到规定要求，是通过结构的两种极限状态来确定的，其中承载能力极限状态主要考虑安全性功能，正常使用极限状态主要考虑适用性和耐久性功能，这两种极限状态均规定有明确的标志与限值。

①承载能力极限状态

承载能力极限状态对应于结构或构件达到最大承载力或不适于继续承载的变形，当结构或构件出现下列状态之一时，即认为超过了承载能力极限状态，如表 2.11 所示。

超过承载能力极限状态的表现　　表 2.11

状态	具体表现
超过承载能力极限状态	整个结构或结构的一部分作为刚体失去平衡（如倾覆等）
	结构构件或因连接材料强度被超过而破坏，或因过度的塑性变形而不适于继续承载
	结构转变为机动体系
	结构或构件丧失稳定（如屈压等）

②正常使用极限状态

正常使用极限状态对应于结构或构件达到正常使用或耐久性能的某项规定限值。当结构或构件出现下列状态之一时，即认为超过了正常使用极限状态，如表 2.12 所示。

超过正常使用极限状态的表现　　表 2.12

状态	具体表现
超过正常使用极限状态	影响正常使用或外观的变形
	影响正常使用或耐久性能的局部破坏（包括裂缝）
	影响正常使用的振动
	影响正常使用的其他特定状态

(2) 鉴定的类别及适用范围

按照结构功能的两种极限状态，结构可靠性鉴定可分为两类鉴定内容——安全性鉴定（或称承载力鉴定）和使用性鉴定（或称正常使用鉴定）。根据不同的鉴定目的和要求，安全性鉴定与使用性鉴定可分别进行，或选择其一进行，或合并为可靠性鉴定。各类别的鉴定有不同的使用范围，可按不同要求，选用不同的鉴定类别。

①可仅进行安全性鉴定的情况，如表 2.13 所示。

可仅进行安全性鉴定的情况　　表 2.13

对象	具体情况
可仅进行安全性鉴定的情况	危房鉴定及各种应急鉴定
	房屋改造前的安全检查
	临时性用房需要延长使用期的检查
	使用性鉴定中发现有安全问题

②可仅进行使用性鉴定的情况，如表 2.14 所示。

可仅进行使用性鉴定的情况　　表 2.14

对象	具体情况
可仅进行使用性鉴定的情况	建筑物日常维护的检查
	建筑物使用功能的鉴定
	建筑物有特殊使用要求的专门鉴定

③应进行可靠性鉴定的情况，如表 2.15 所示。

应进行可靠性鉴定的情况　　表 2.15

对象	具体情况
应进行可靠性鉴定的情况	建筑物大修前的全面检查
	重要建筑物的定期检查
	建筑物改变用途或使用条件的鉴定
	建筑物超过设计基准期继续使用的鉴定
	为制定建筑群维修改造规划而进行的普查

2.4.2.2　鉴定的评级

(1) 鉴定评级的层次

将建（构）筑物结构体系按照结构失效的逻辑关系，划分为相对简单的三个层次，即构件、子单元和鉴定单元。构件是鉴定的第一层次，也是最基本的鉴定单位；子单元由构件组成，是鉴定的第二层次；鉴定单元由子单元组成，是鉴定的第三层次。

(2) 鉴定等级划分

对安全性和可靠性鉴定，每个层次划分为四个等级；对使用性鉴定，每个层次划分为三个等级。鉴定从第一层次开始，根据构件各检查项目的评定结果，确定单个构件等级；根据子单元各检查项目及各构件的评定结果，确定子单元等级；再根据子单元的评定结果，确定鉴定单元等级。构件或子单元的检查项目是针对影响其可靠性的因素所确定的调查、检测或验算项目。检查项目的评定结果最为重要，它不仅是各层次、各组成部分鉴定评级的依据，而且还是处理所查出问题的主要依据。子单元和鉴定单元的评定结果，经过综合后，只能作为被鉴定建筑物进行科学管理和宏观决策的依据，而不能据以处理问题。

2.4.2.3 可靠性评级

建（构）筑物的可靠性由安全性和正常使用性组成。在评定出各个层次的安全性等级和使用性等级后，均可再确定该层次的可靠性等级；当不要求给出可靠性等级时，各层次的可靠性可采取直接列出其安全性等级和使用性等级的形式共同表达。当需要给出各层次的可靠性等级时，可根据其安全性和正常使用性的评定结果来确定，但应遵循以下两条原则：

(1) 当该层次的安全性等级低于 b_u 级、B_u 级或 B_{su} 级时，应按安全性等级确定。

(2) 除上述情况外，可按安全性等级与正常使用性等级中的较低等级确定。

2.4.3 加固改造设计安全控制

2.4.3.1 加固改造的一般原则

(1) 方案制定的总体效益原则

制定建（构）筑物的加固改造方案时，除要考虑可靠性鉴定和委托方提出的加固改造内容外，还要考虑加固后建（构）筑物的总体效应。例如，对房屋的某一层柱子或墙体进行加固时，有时会改变整个结构的动力特性，从而产生薄弱层，对抗震带来的不利影响。因此，制定加固方案时，应全面、详细分析整个建（构）筑物的受力情况。

(2) 选用材料的强度取值原则

①加固改造设计时，原结构的材料强度按如下规定取用：若原结构材料种类和性能与原设计一致，则按原设计值取用；若原结构无材料强度资料，则可通过实测评定材料的强度等级，再按现行规范取值。

②加固采用混凝土强度等级，应比原结构的混凝土强度等级提高一级，且加固上部结构构件的混凝土的强度等级不低于 C20，加固使用的混凝土可加入外加剂使混凝土改性。

③进行承载力验算时，结构的计算简图应根据结构的实际受力状况和结构的实际尺寸确定。构件的截面面积应采用实际有效截面面积，即应考虑结构的损伤、缺陷、锈蚀等造成的不利影响。

④为了使建筑物遇到地震时具有相应的安全保证，应结合抗震加固方案制定承载能

力和耐久性加固、处理方案。

⑤由于高温、腐蚀、冻融、振动、地基不均匀沉降等原因造成的结构损坏，应在加固前期制定提出相应的处理对策，随后再进行加固。结构的加固应综合考虑其经济性，尽量不损伤原结构，并保留有利用价值的结构构件，避免不必要的构件拆除或更换。

2.4.3.2 结构加固的基本原理

（1）加固结构受力特征

加固结构与新增结构的受力性能有较大差异，如表2.16所示。加固结构受力特征的差异，决定了各类结构加固计算分析和构造处理，不能完全沿用普通结构进行设计。

加固结构与新增结构受力性能比较 表2.16

对象	加固结构	新增结构
特点	二次受力结构（当结构因承载能力不足而进行加固时，截面应力、应变水平一般都很高）	一次受力结构（在加固后并不立即分担荷载，而是第二次加载时，才开始受力）
隐患	整个原结构在加固后进行第二次荷载受力时，原结构极可能达到极限状态，而新增部分的应力应变还很低。一旦破坏，新增部分极可能未达到自身的极限状态，潜力没有充分发挥	

（2）加固结构共同工作

当加固结构受力且临近破坏时，结合面会出现拉、压、弯、剪等复杂应力，特别是受弯或偏压构件的剪应力。加固结构新、旧两部分整体工作的关键，主要在于结合面能否有效地传递和承担这些应力，且变形不能过大。结合面传递压力，主要是剪力和应力，但由于结合面混凝土的粘结强度一般远低于混凝土本身强度，且离散性大，结合面混凝土所具有的粘结抗剪和抗拉能力有时远不能满足受剪和受拉承载力要求。

（3）加固结构基本计算假定

加固结构的承载力与新、旧两部分的应力差或应变差直接相关，与原结构的极限变形值有关，与两部分材料的应力－应变关系有关。

2.4.3.3 加固改造方法及其选择

（1）增大截面法

增大截面法是通过增大结构构件截面面积进行加固的一种方法。它不仅可以提高被加固构件的承载能力，而且还可加大其截面刚度，使正常使用阶段的性能在某种程度上得到改善。这种方法广泛用于加固混凝土结构中的梁、板、柱和钢结构中的柱、屋架及砖墙、砖柱等。

（2）外包钢加固法

外包钢加固法是一种在结构构件四周包以型钢进行加固的方法，分为干式外包钢和湿式外包钢两种形式。这种方法可在不增大构件截面尺寸的情况下提高构件承载力，增大延性和刚度，适用于混凝土柱、梁、屋架和砖窗间墙以及烟囱等结构构件的加固。

（3）预应力加固法

预应力加固法是一种采用外加预应力钢拉杆或撑杆对结构进行加固的方法。这种方法可在不改变使用空间的条件下，提高结构构件的正截面及斜截面承载力，且预应力能消除或减缓后加杆件的应力滞后现象，使后加杆件有效工作，除此之外，预应力产生的负弯矩可抵消部分荷载弯矩，减小原构件挠度，缩小原构件裂缝宽度，甚至可使裂缝完全闭合。

（4）改变受力体系加固法

改变受力体系加固法是一种通过增设支点（柱或托架）或采用托梁拔柱的办法以改变结构的受力体系的加固方法。增设支点可减少结构构件的计算跨度，降低计算弯矩，大幅度提高结构构件的承载力，还能减小挠度，缩小裂缝宽度，若对增设支点施加预应力，加固效果更佳；托梁拔柱则是在不拆或少拆上部结构的情况下，拆除、更换或接长柱子的一种处理方法，适用于要求改变使用功能或增大空间的旧工业建筑、建筑（群）、厂区改造。

2.4.4 建（构）筑物施工安全控制

2.4.4.1 施工准备阶段安全控制

施工准备阶段应对加固构件适当卸载，并施加预应力顶撑，降低原结构构件中的应力。在加固改造施工前期，在工人拆除原有废旧构件或清理原有构件时，应特别注意观察有无与原检测情况不相符合的地方。其次，工程技术人员应亲临现场，时刻观察是否存在意外情况发生。一旦出现意外，应立即停止施工，并采取妥善的处理措施。另外，在加固时，应注意新旧构件结合部分的粘结或连接质量。

2.4.4.2 施工过程阶段安全控制

建（构）筑物加固改造的施工是一项危险系数较高的工作，应速战速决，减少因施工给用户带来的不便，降低意外事故发生隐患。在加固改造施工过程中，应采用相应的仪器设备对加固工程进行监测和控制，对施工过程风险进行控制和预警，并将其监测检验结论作为加固改造工程竣工验收的依据。

2.5 设施设备安全控制

2.5.1 设施设备安全控制理念

2.5.1.1 设施设备安全控制定义

设备安全指设备本身的安全装置符合操作维修安全要求。即使设备在操作中失误或出现故障时也不致造成大的破坏；超过载荷情况下，设备也不会发生严重损坏；在发生事故时，也不会造成大的人身危险。这就要求设备设计制造具有一定安全系数，控制系统完善，监测仪表齐全，并应具有各种故障监测和指示装置。

2.5.1.2 设施设备安全控制内涵

设备的不安全状态因设备性质、类型不同而异，一般可分为以下三种状态，如图 2.16 所示。与设备的多样性相对应，设备安全也表现出多样性。每一种设备对应一种安全状态，所以设备安全也表现出一定的特殊性。

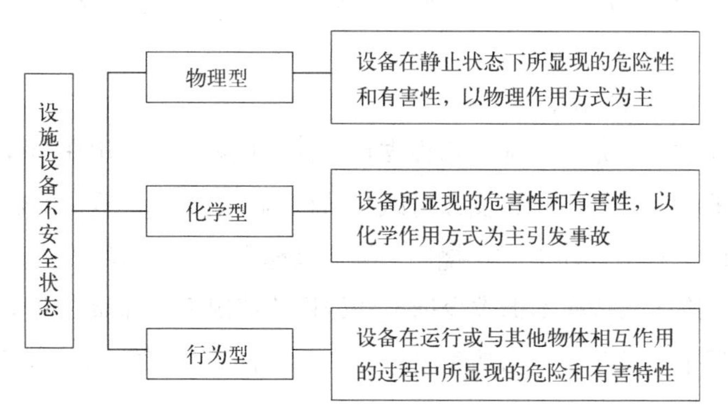

图 2.16 设施设备不安全状态

2.5.2 电气照明安全控制

2.5.2.1 照明基本内容

（1）照明种类

照明按其作用可分为：正常照明、事故照明、警卫值班照明、障碍照明、彩灯和装饰照明等。满足一般生产、生活需要的照明称为正常照明。所有居住的房间和供工作、运输、人行的走道以及室外场地，都应设置正常照明。正常照明按照照明装置的分布特点又分为一般照明、局部照明、混合照明，如表 2.17 所示。

正常照明按照明装置分布特点分类　　表 2.17

名称	内容
一般照明	为整个房间普遍需要的照明称为一般照明。其灯具通常分布在顶棚下面距工作面有足够高的距离。采用单独一般照明的房间，可在所有工作面和通道上得到同等的照度
局部照明	在工作地点附近设置照明灯具，以满足某一局部工作地点的照度要求。分为固定式和移动式两种，前者的灯具是固定安装，后者的灯具是可以移动的
混合照明	它由一般照明和局部照明共同组成，两者搭配要适当，若采用过低的一般照明和过高的局部照明，则会造成背景和工作面的亮度对比相差太大，容易引起视觉疲劳

（2）照明的质量

照明设计首先应考虑照明质量，在满足照明质量的基础上，再综合考虑节省投资、安全可靠、便于维护管理等问题。照明质量涉及内容如表 2.18 所示。

照明质量涉及内容　　表 2.18

内容	补充
照度均匀	被照面明亮程度不均匀，眼睛则处于亮度差异较大的适应变化中，易造成视觉疲劳
照度合理	亮度反映眼睛对发光体明暗程度的感觉，在照明设计中一般规定照度标准
合适的亮度分布	整个视场内各个表面都应有合适的亮度分布，才能给人以舒适的感觉
频闪效应的消除	交流供电其光通量会发生周期性变化，使人眼产生明显的闪烁感觉，易发生事故

2.5.2.2　常用照明设备及其选用

(1) 常用电光源及其选用

电气照明采用的电光源，按发光原理可分为两大类，一类是热辐射光源，另一类是气体放电光源，常用电气照明性能及特点如表 2.19 所示。

常用电光源及其选用　　表 2.19

名称	内容	特点
白炽灯	发明最早的热辐射光源	构造简单、价格便宜，但电光效率低，已逐步被替代
荧光灯	主要由灯管、启辉器、镇流器组成，应用广泛的一种电光源	发光效率高，使用寿命长，光线柔和，发光面积大，没有强烈眩光
节能灯	采用高频交流电源供电的荧光灯	电子镇流器提供启动电流和启动高压，且在正常工作时为灯管提供高频稳定的交流电源

(2) 灯罩

灯罩是光源的附件，可重新分配光源发出的光通量，限制眩光作用，减少光源污染、保护光源免遭机械破坏，且与光源配合能起一定的装饰作用。按照灯罩的光学性质可分为反射型、折射型和透射型等多种类型。灯罩的主要特性如表 2.20 所示。

灯罩主要特性　　表 2.20

内容	补充
配光曲线	配光曲线是指光源向其四周发出的光强大小曲线
光效率	光效率是指由灯罩输出的光通量与光源的辐射光通量的比值
保护角	灯罩开口边缘与发光体最远边缘的边线与水平线之间的夹角，即控照器遮挡光源的角度

(3) 灯具

在实际的照明过程中，光源总要和一定形式的灯具配合形成一个完整的照明器进而使用。灯具的类型可按照光线在空间的分布情况进行分类，如表 2.21 所示。

灯具分类及其选用　　表 2.21

分类标准	对象	主要内容 / 特点
按照光线在空间的分布情况分类	直射型灯具	90% 以上的光线向下投射，绝大部分的光线集中在工作面上，使工作面得到充分的照度
	半直射型灯具	60% 的光线向下投射，光线既能大部分集中在工作面上，同时也能使整个空间得到适度照明
	漫射型灯具	空间各个方向上的光线分布基本相同，可以达到无眩光
	半间接型照明灯具	60% 以上的光线向上投射，而向下投射的光线只是一小部分，光线利用率较低，但是光线柔和，阴影基本被消除
	间接型灯具	90% 以上的光线向上投射，利用反射使整个顶棚作为第二发光体，使光线非常柔和，完全避免眩光

2.5.2.3　电气设备保护措施

(1) 接地保护

接地保护，就是把正常情况下不带电，而在故障情况下可能出现危险的对地电压的部分同大地紧密连接起来。其目的是使对地电压数值降低到安全数值，以保护人身安全。采用接地保护，可使接触电压和跨步电压远小于设备故障时的对地电压，因而大大减轻了触电的危险。

(2) 接零保护

接零保护，就是把电气设备在正常情况下不带电的金属部分与电网的零线紧密的连接起来。当某相带电部分碰连设备外壳时，通过设备外壳形成该相线对零线的单向短路，短路电流能促使线路上的保护装置迅速动作，从而把故障部分断开电源，消除触电危险。

(3) 漏电保护

漏电保护，在有人遭受电击且程度足以危及生命之前，配合使用合适的漏电保护器，使触电线路能够及时准确地向保护装置发出信息，使之有选择地切断电源。

2.5.3　空气调节安全控制

2.5.3.1　空气调节的分类

空气调节系统按设备的设置情况可分为集中式、独立式和半集中式等三种类型，如图 2.17 所示。集中式和半集中式空调系统的服务面积大，处理的空气量多，技术实现比较容易，且设备集中，管理维修方便，还可根据季节变化集中进行调节，运行费用较低，因此在大型建筑中使用较多。

2.5.3.2　常用空调设备

(1) 喷水室

喷水室是一种多功能的空气调节设备，可对空气进行加热、冷却、加湿、减湿等多种处理。

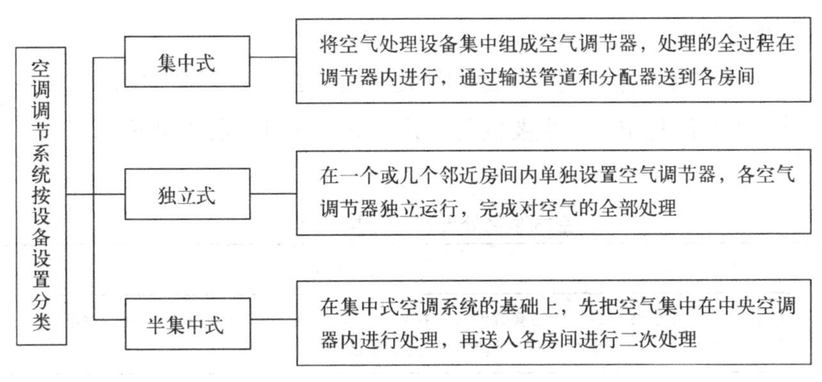

图 2.17　空气调节系统按设备设置分类

（2）表面式换热器及其空气处理

表面式换热器是让媒介通过金属管道而对空气进行加热或冷却的设备，空气和媒介之间并无直接接触，换热在金属管道表面进行。

（3）空气的加湿与减湿处理设备

①空气的加湿处理设备

空气加湿的方法可分成两类，如表 2.22 所示：一类是将水蒸气混入空气进行加湿，即蒸汽加湿；一类是由于水吸收空气中的热量而蒸发成水汽，即水蒸发加湿。

空气加湿处理设备分类　　表 2.22

对象	主要内容与作用
蒸汽加湿	把蒸汽喷入空气，对空气进行加湿，这一过程为等温加湿过程
水蒸发加湿	将常温水雾化后喷入空气，由于水吸收空气中的热量而蒸发成水汽，增加空气含湿量

②空气的减湿处理设备

空气减湿处理的主要方法有冷却减湿器、液体吸湿（吸收减湿）法和固体吸湿法，如表 2.23 所示。

空气减湿处理设备分类　　表 2.23

对象	主要内容与作用
冷却减湿	目前较广泛采用的是专门的冷却减湿设备，使用降湿机进行冷却减湿。其中，蒸发器、压缩机和冷凝器组成一套制冷系统
固体吸湿剂减湿	固体减湿是利用固体吸湿剂（或称干燥剂）的作用，使空气中的水分被吸湿剂吸收或吸附。常见的固体吸湿材料有硅胶、铝胶和活性炭等
液体吸湿剂减湿	液体减湿是利用吸湿剂进行除湿。液体吸湿剂不易结晶，加热后性能稳定、黏性小且无毒性的溶液，常用的有氯化锂、三甘醇和氯化钙等水溶液

(4) 空气净化处理设备

空气净化处理，就是通过空气过滤即净化设备，去除空气中的悬浮尘埃。在空调系统中，空气过滤器是净化空气的主要设备，其分类及作用如表 2.24 所示。

空气净化处理设备分类　　表 2.24

对象	主要内容与作用
金属网格浸油过滤器	由多层波形金属网格叠置而成，按层次不同，沿空气流动方向网格孔径逐渐缩小，且涂有黏性物质，灰尘在惯性作用下偏离气流方向触及网格而被粘住
干式纤维过滤器	利用各种纤维作为滤料组装而成的空气过滤器，常用的滤料有合成纤维、玻璃纤维纸等。不同滤料的过滤器，其滤尘效果不同
静电过滤器	静电过滤器是利用高压电极对空气电离，使尘粒带电，然后在电场作用下产生定向运动实现对空气的过滤。每过一定的时间，需将滤料取出更换或清洗后再用

(5) 空气输送与分配设备

按空气的来源划分，空调系统可分为滞留、闭式循环和再循环等三种形式，特性如图 2.18 所示。

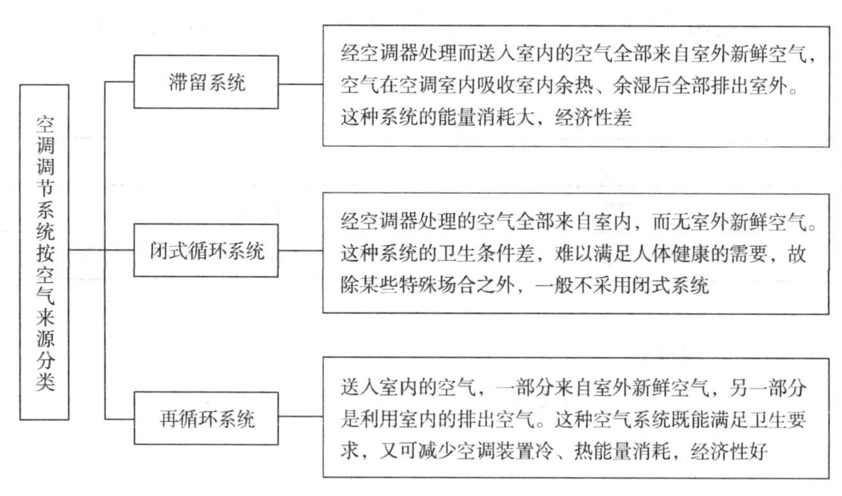

图 2.18　空气调节系统按空气来源分类

2.5.3.3　空调制冷安全控制

制冷系统是空调系统的“冷源”，通过给空气处理设备提供冷冻水，从而向整个系统提供冷量，它由制冷装置、冷冻水系统和冷却水系统等三个子系统组成。

(1) 制冷装置

制冷装置式制冷系统的核心，常见的制冷方式有蒸汽压缩式、吸收式等，如表 2.25 所示。

空调制冷方式分类　　表 2.25

对象	主要内容与作用
压缩式制冷机	压缩式制冷机以液体气化吸热的方式制冷。它由压缩机、冷凝器、热力膨胀阀、蒸发器及其他部件组成，四种部件之间用管道连接形成一个封闭的系统
吸收式制冷机	吸收式制冷机利用溴化锂水溶液在常温下吸收水蒸气的能力很强，主要利用制冷剂在低压下汽化时要吸收周围介质的热量的特性来实现制冷的目的

(2) 冷冻水系统

冷冻水系统负责将制冷装置制备的冷冻水输送到空气的处理设备，一般可分为闭式系统和开式系统。对于变流量调节系统，常采用闭式系统，其特点是和外界空气接触少，可减缓对管道的腐蚀，制冷装置采用管壳式蒸发器，常用于表面冷却器的冷却系统。而定量调节系统，常采用开式系统，其特点是需要设置冷水箱和回水箱，系统的水容量大，制冷装置采用水箱式蒸发器，用于喷淋室冷却系统。

(3) 冷却水系统

冷却水负责吸收制冷剂蒸汽冷凝时放出的热量，并将热量释放到室外。一般可分为直流式、混合式及循环式等三种形式，如图 2.19 所示。

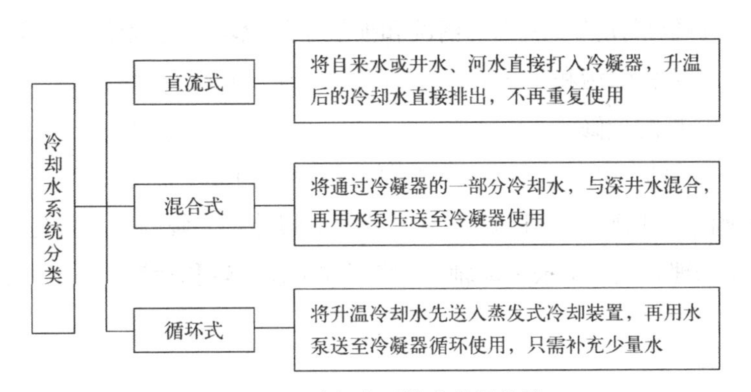

图 2.19　冷却水系统分类及特性

2.5.3.4　空调系统的维护与管理

(1) 空调系统的运行管理

空调系统的运行管理最主要的是工作系统的运行调节。空调系统在全年运行中，室内本身的热、湿负荷也会随着生产情况和室内人员的变化而有所不同。因此，空调系统在全年运行期间不能一成不变地按满负荷运行，而必须根据负荷变化进行运行调节，才能保证室内温、湿度要求。

(2) 空调设备的维护

①空调机组的维护

空调机组的维护主要包括空调机组的检查及清扫。检查时关闭阀门，打开检修门，进行空调机组内部拆卸过滤网，检查盘管及风机叶片的污染程度，并彻底进行擦拭清扫。在清扫时，检查盘管及箱底的锈蚀和螺栓紧固情况，并在旋转前加注润滑油。

②风机盘管等设备的维护

如表 2.26 所示。

风机盘管等设备的维护 表 2.26

设备名称	项目		
	巡视检查项目	维修项目	周期
空气过滤器	过滤器表面污垢情况	用水清洗	1 次 / 月
盘管	肋片管表面的污垢情况	清洗	1 次 / 月
	传热管的腐蚀情况	清洗	1 次 / 月
风机	叶轮沾污灰尘情况	清洗叶轮	1 次 / 月
滴水盘	滴水盘排水情况	清扫防尘网和水盘	1 次 / 月
管道	隔热结构，自动阀的动作情况	—	及时修理

③换热器的维护

换热器的维护包括换热器表面的清洗和换热器的除垢。清除垢层常用的方法有压缩空气吹污、手工或机械除污和化学清洗。

④离心式通风机的检修

小修内容一般包括：检查轴承；紧固各部分螺栓、调整皮带的松紧度和联轴器的间隙及同轴度；更换润滑油及密封圈；修理进出风调节阀等。大修内容一般包括：解体清洗，检查各零部件；修理轴瓦，更换滚动轴承；修理或更换主轴和叶轮，并对叶轮的静、动平衡进行校验等。

2.5.4 电梯安全控制

2.5.4.1 电梯的种类

根据不同用途将电梯分类，如表 2.27 所示。

按用途对电梯进行分类 表 2.27

名称	主要用途
乘客电梯	为运送乘客设计的电梯，要求有完善的安全设施以及一定的轿厢内装饰
载货电梯	主要为运送货物而设计，通常有人伴随的电梯
杂物电梯	供图书馆、办公楼、饭店运送图书、文件、食品等设计的电梯
建筑施工电梯	建筑施工与维修使用的电梯
其他类型电梯	其他特殊用途电梯

2.5.4.2　电梯的组成

（1）机械装置部分

电梯机械部分主要有曳引系统、轿厢、门系统、导向系统、对重系统及机械安装装置等。曳引系统是提供电梯运行动力的设备；轿厢是装载乘客和货物的电梯组件，它在曳引钢丝绳的牵引下沿电梯井道内的导轨做快速平稳的运行；门系统是由厅门（层门）、轿厢门、自动开门机、门锁、层门联动机构及安全装置等组成；导向系统主要有导轨、导轨架及导靴等组成；电梯的机械安全保护装置有机械限速装置、缓冲器和端站保护装置。

（2）电气装置部分

电梯电气装置的作用是对电梯的运行实行操纵和控制，可分为电力拖动系统、操作控制系统、电气安全系统三大部分。电力拖动系统是由曳引电机、供电系统、调速装置、速度反馈装置构成；操作控制系统是由操纵装置、平层装置与选层器等构成；电气安全系统是指在电梯控制系统中用于实现安全保护作用的电路及电气元件。

2.5.4.3　电梯的使用管理

（1）电梯管理应配备专职的管理人员，开展管理工作

使用部门接收一部经安装调试合格的新电梯后，首先就是制定专职管理人员，以便电梯投入运行后，妥善处理在使用、维护保养、检查修理等方面的问题。

（2）电梯的交接班制度

对于多班运行的电梯岗位，应建立交接班制度，明确交接双方的责任，交接的内容、方式和应履行的手续。否则，一旦遇到问题，易出现推诿、扯皮现象，影响工作。

（3）电梯日常运行管理

包括在电梯运行前、运行时以及发生故障时、停止运行时等情况下应做到的管理事项，并建立电梯值班检查制度，加强电梯机房管理。

2.5.4.4　电梯的维护

（1）电梯运行检查

包括巡回检查、日检、周检、月检查、季检和年检。

（2）电梯维修保养

包括电梯机房日常的维修保养、井道与轿厢部分的维修保养和底坑内维修保养。

2.6　工程案例分析

2.6.1　项目概况

重钢的前身可追溯到清末洋务运动时期，湖广总督张之洞在武汉创办的汉阳钢铁厂。1938 年，汉阳铁厂成立钢铁厂迁建委员会艰难西迁至重庆大渡口。新中国成立后，重钢开始生产和自主研发品种钢与军工钢，直至 1997 年在香港联交所挂牌上市。2006 年，

重钢迈出了整合资源、优化产业结构、提升竞争实力的环保搬迁之路。2011 年 9 月 22 日，历经 120 年的重钢最后一锅“炉火”熄灭，这标志着重钢大渡口厂区的钢铁生产主流程全面停产，重钢正式告别伴随生长 73 年的重庆主城区，而在三峡库区的长寿新区一座现代化钢城已拔地而起。重钢主要发展历程如图 2.20 所示。

图 2.20　重钢主要发展历程

为记载重庆工业历史，丰富城市文化内涵，重庆市政府决定依托重钢原址工业遗存建设重庆工业博物馆及文创产业园。2014 年，总体方案经市政府第 75 次市长常务会议审议通过，命名为“重庆工业文化博览园”，同年，批准为全国十大老工业基地搬迁改造试点项目之一。2017 年，项目选址被评为国家首批工业遗产。重庆工业文化博览园 LOGO 如图 2.21 所示。

图 2.21　重庆工业文化博览园 LOGO

2.6.2　空间绿色重构规划

重庆工业文化博览园位于重庆市大渡口区李子林原重钢型钢厂片区，厂区鸟瞰图如图 2.22 所示。型钢厂是重钢集团下属轧钢生产厂，位于重钢老厂中心区，外侧为成渝铁路，濒临长江；东南侧为大渡口火车站；西侧临城市主干道及城轨交通远景规划线，外侧为居住、教育及城市公园用地；南侧临城市主干道及社会停车场。占地共 142 亩，总规模 14 万平方米，区位图如图 2.23 所示。

整个博览园由工业遗址公园、工业博物馆及文创产业园 3 部分构成，如图 2.24 所示。园区是以工业博物馆为内核，通过创意改造旧厂房并有机融合新建工程，集合文、商、旅多种业态，将建成国家工业遗产改造典范、文创产业新地标及都市新型旅游目的地。

图 2.22　型钢厂片区鸟瞰图

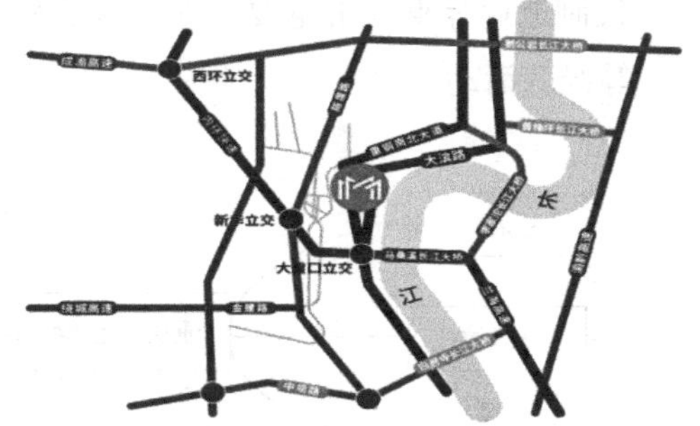

图 2.23　型钢厂片区区位图

图 2.24　工业文化博览园构成板块

2.6.2.1　工业遗址公园

工业遗址公园约 42 亩，位于园区西侧，以重庆抗战兵器工业钢迁会生产车间旧址为核心，保留厂区内 3 根大烟囱，场地内布局大量工业设备展品，构成工业博物馆室外空间重要展陈序列。通过四川美术学院艺术家创意打造多座展品装置式主题雕塑，结合工业先驱人物雕塑，已成为全国首屈一指、创意独特的视觉环境艺术体验区，在领略重庆百年工业精彩缩影的同时可体验工业文化与工业艺术的完美结合。

2.6.2.2　工业博物馆

重庆工业博物馆是重庆工业文化博览园的核心部分，选址重钢建于 1940 年的大型轧钢厂房——新中国成立后第一根钢轨诞生地。重庆工业博物馆作为重庆市五大博物馆之一，运用当代博物馆的现代理念与展陈手段，打造具有创新创意、互动体验、主题场景式的博物馆，构建多个散点，如图 2.25 所示。

展厅面积约 5000 平方米，以“无边界博物馆”为设计理念，利用重钢厂房遗留的柱、梁、基础，采用钢结构连接，使主展馆与整个工业文化博览园在空间上连通、在展览上外延，将有限的展览范围延伸到更广阔的空间。重庆抗战兵器工业旧址群——钢迁会生产车间旧址位于园区西侧，被列入第七批全国重点文物保护单位。利用该国保厂房着力打造的主题馆，展厅总面积 4000 多平方米。企业馆面积约 5000 平方米，集中展示战略性新兴产业、现代制造业等重庆市重要行业系统的标杆企业、品牌企业，开展产品发布体验和宣传推广等经营活动。

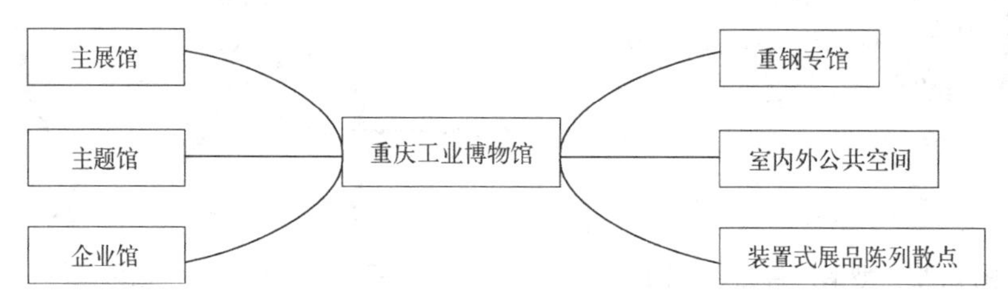

图 2.25　工业博物馆构成板块

2.6.2.3　文创产业园

将博物馆与文创产业有机结合，布局于老厂房及临江新建 LOFT 空间，形成文创产业园。以强调时尚创意的“工作、娱乐、生活”为本体，结合产业办公、体验式商业、运动休闲、精品酒店等多种主题业态，为本土创新势力打造实现梦想的新空间，创建全新的生活方式。

2.6.3　重构效果

1990 年 3 月 31 日，重钢大轧厂和小轧厂合并为型钢厂，型钢厂主要是将钢坯、钢锭轧制成钢板、钢条等各种型材，是钢铁厂出成品的最后环节。重庆工业博物馆正是以重钢型钢厂旧址为基础，依托其工业遗存打造而成的。重构前后对比如图 2.26 所示。

(a) 重构前的型钢厂　　(b) 重构后的型钢厂

图 2.26　型钢厂区重构前后对比图

20 世纪 90 年代特钢厂所用 GK1 型 0085 号内燃机车，具有牵引性能优良、换向灵活、操作方便、适应性强等特点，主要用于特钢厂区生产原材料及半成品的运输。该列内燃机车重构前后对比，如图 2.27 所示。

(a) 重构前的内燃机

(b) 重构后的内燃机

图 2.27　内燃机车重构前后对比图

厂区保留 3 座烟囱，1 号烟囱建于 1951 年，为青砖砌筑，是型钢厂 ϕ850 轧机生产线加热炉所使用的烟囱；2 号烟囱建于 1992 年，为混凝土浇筑，是大轧厂与小轧厂合并为型钢厂后新建的 ϕ650 轧机生产线加热炉所使用的烟囱，烟囱上“质量是职工的饭碗，是企业的生命”安全标语，反映了型钢人对安全的重视；3 号烟囱建于 2001 年，为红砖砌筑，是型钢厂棒材轧机生产线加热炉所使用的烟囱，该生产线于 2011 年停产时举行了隆重的停产仪式，自此重钢老厂区全线停产。厂区保留烟囱重构前后对比，如图 2.28 所示。

(a) 重构前的烟囱

(b) 重构后的烟囱

图 2.28　厂区 1 号、2 号、3 号烟囱重构前后对比图

主电室建于 1985 年，是重钢进行节能改造后用于安放主电机与电子元件的控制室。2019 年 1 月，重庆工业文化博览园梦想钢城招商中心在原型钢厂于 1985 年前后修建的大型主电室厂房内华丽亮相，启幕仪式的召开标志着文创产业园招商洽谈工作正式对外开展，其重构效果如图 2.29 所示。

1958 年 3 月 23 日，毛主席在重钢视察工作，对当时号称“北有鞍钢，南有重钢”的重钢技改留下三个“好”字的评价。在视察期间，主席曾在此步道上留影，后得名“主席步道”，重构后的主席步道如图 2.30 所示。

(a) 主电室重构为招商中心

(b) 招商中心内部装饰

图 2.29　主电室重构效果

图 2.30　重构后的主席步道

重钢曾号称“十里钢城”，生产了中华人民共和国成立后修建的第一条铁路——成渝铁路的第一条 38 公斤重轨，在厂区内部还有着独立的货运铁路线，园区规划也依托此建成小火车线路，市民可乘坐复古小火车在园中游览，其重构前后对比如图 2.31 所示。

(a) 重构前的厂区铁轨

(b) 重构后的厂区铁轨

图 2.31　厂区铁轨重构前后对比图

1949 年 11 月，国民党反动派撤退时，在重钢厂内重要设备周围安放了炸药，试图炸毁重钢。地下党员刘家彝、简国志等人率领爱国护厂职工连夜清除炸药时，不幸发生爆炸，刘家彝、简志国等 17 名职工壮烈牺牲。另外一名重钢职工胥良因号召工人护厂，被国民党反动派枪杀。这十八位勇士用生命捍卫钢铁工业血脉，“十八勇士”雕像如图 2.32 所示。

厂区遗留的 8000 匹马力（约 6000kW）双缸卧式蒸汽原动机系 1906 年湖广总督张之洞从英国购入，1938 年随着西迁至重庆，是近现代工业轧机鼻祖，是重庆工业博物馆当之无愧的“镇园之宝”，如图 2.33 所示。

图 2.32 “十八勇士”雕像

图 2.33　8000 匹马力双缸卧式蒸汽原动机

第3章　管网再生重构安全规划

3.1　管网再生重构基础

3.1.1　管网再生重构基本概念

所谓管网，是各种管道和线路的统称。管网再生重构，对于旧工业厂区再生规划、建设与管理至关重要。之所以重构，是为了合理地利用旧工业厂区用地，综合确定工程管网在厂区地上、地下的空间位置，避免工程管网之间及其与相关建筑物、构筑物之间相互矛盾和干扰，使各类管网在空间安排与建造时间上能够相互配合，为各工程管网、工程设计和规划管理提供依据。旧工业厂区内部管网布设较为复杂，保留着过往生产设备及运输产品的流线，各类管网的性质、用途、技术要求等各不相同，而且存在管网交叉叠合的情况，任一管网发生故障可能会影响其他管网的正常运行。因此管网进行重构安全规划时要符合各类管网本身的技术条件，满足管网之间、管网与建（构）筑物之间的防护与安全间距，同时从全局出发、统筹兼顾，经济合理地进行综合布置，确保各类管网的安全运行。

综上所述，旧工业厂区管网再生重构安全规划是指以建筑设备的各类管网为考虑对象，以实现和保证设计功能为前提，以技术性能要求和国家现行工程质量规范为依据，在规定的走向、区域、部位及限定的建筑空间内进行科学规划、统筹安排、合理布置，确定各类管网的布置位置以及与道路、建（构）筑物的平面位置和竖向高程。

3.1.1.1　管网分类及技术术语

（1）管网分类

管网是一个厂区的基础设施，主要包括：给水排水、电力、热力、燃气、通信、综合管廊等。工业厂区的管道具有开放性、隐蔽性、危险性、长期性等特点，按使用类型可分为给水、排水、供电、供热、燃气、通信管网，如图3.1所示。

在一些工业区和工厂内部，还有一些其他的既有管网，如排灰、排渣管网，化工专用管网等。

（2）技术术语

管网再生重构时会存在大量相互交叉的情况，因此要确定各类管网合理的水平净距以及交叉时的垂直净距，需要明确一些技术术语，如图3.2所示。

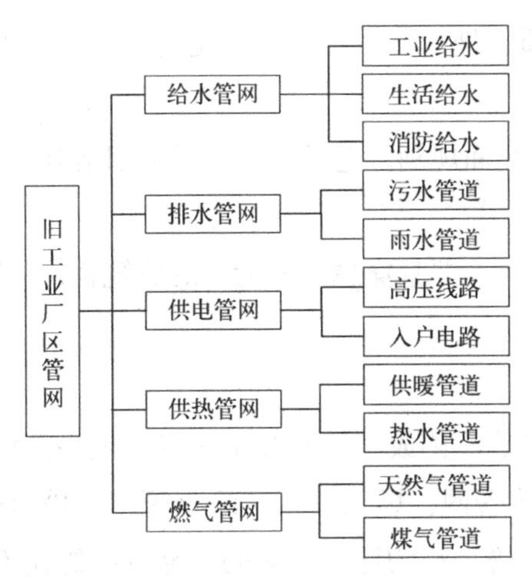

图 3.1　管网使用类型分类

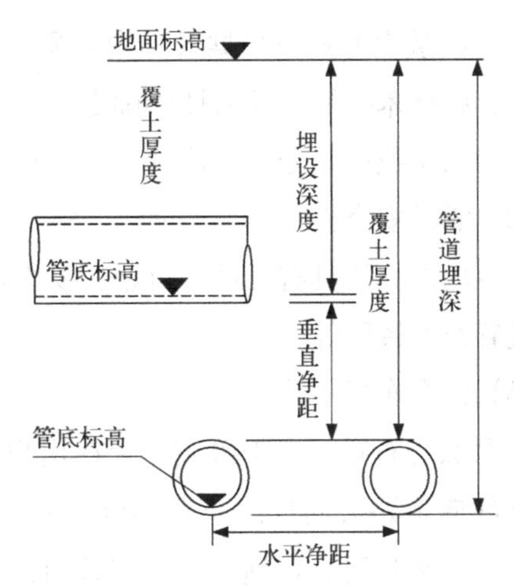

图 3.2　管网敷设技术术语

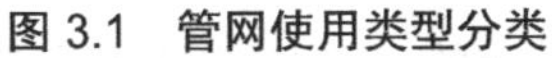

①管网水平净距：指水平方向敷设的相邻管网外表面之间的水平距离。

②管网垂直净距：两个管网上下交叉敷设时，从上面管道外壁最低点到下面管道外壁最高点之间的垂直距离。

③管网埋设深度：从地面到管道底（内壁）的距离，即地面标高减去管底标高。

3.1.1.2　管网再生重构工作阶段

旧工业厂区的管网重构设计在总体规划、初步设计、施工详图设计阶段是相互联系的，且工作内容逐步具体化，对管网再生重构的要求也有所不同。如图 3.3 所示。

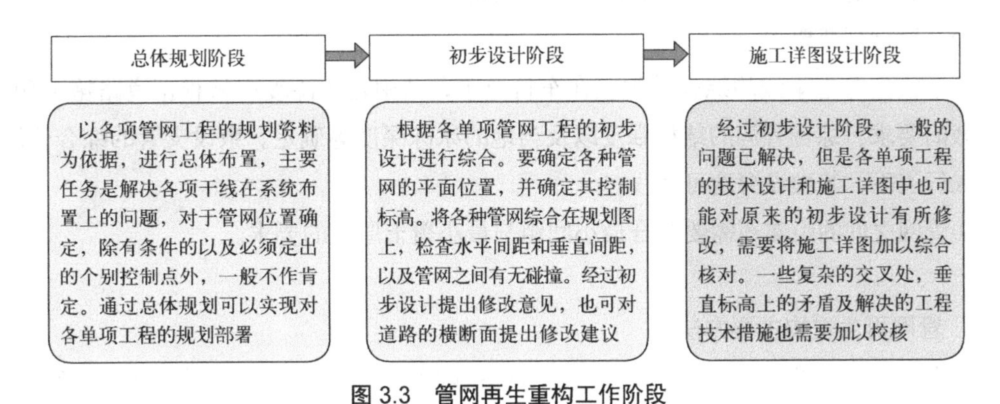

图 3.3　管网再生重构工作阶段

3.1.1.3　管网再生重构设计原则

（1）符合总体规划

①旧工业厂区管网位置可采用统一的城市坐标系统及标高系统或厂区既有设置的坐标系统，但管网进出口则应与城市管网的坐标一致。

②管网再生重构应与旧工业厂区总平面布置、竖向设计和绿化布置统一进行。应使管网之间、管网与建（构）筑物之间在平面及竖向上相互协调，紧凑合理。

③管网敷设方式应根据管网内介质的性质、地形、生产安全、交通运输、施工检修等因素，经技术经济比较后择优确定。

④当旧工业厂区分期建设时，管网布置应全面规划，近期集中，近远期结合。

(2) 满足安全性

管道内的介质具有毒性、可燃、易爆性质时，严禁穿越与其无关的建筑物、构筑物、生产装置及贮罐区等。

(3) 综合布置

管网综合布置时，干管应布置在用户较多的一侧或将管网分类布置在道路两侧。自建筑红线向道路方向依次布置供电管网、供热管网、燃气管网、给水管网、排水管网。当管网产生矛盾时，应通过压力管让自流管、管径小的让管径大的、易弯曲的让不易弯曲的、临时性的让永久性的、工程量小的让工程量大的、新建的让现有的、检修次数少的让检修次数多的方法处理。

(4) 管网共沟敷设

①热力管网不应与供电、通信管网共沟；

②排水管道应布置在沟底，当沟内有腐蚀性介质管道时，排水管道应位于其上面；

③腐蚀性介质管道的标高应低于沟内其他管网；

④火灾危险性属于甲、乙、丙类的液体、液化石油气、可燃气体、毒性气体以及腐蚀性介质的管道不应共沟敷设，并严禁与消防水管共沟敷设；

⑤凡有可能产生互相影响的管网，不应共沟敷设。

(5) 设计规范要求

①敷设主管道干线的综合管沟应在车行道下，其中覆土深度必须根据道路施工和行车荷载的要求、综合管沟的结构强度以及当地的冰冻深度等确定。敷设支管的综合管沟，应在人行道下，其埋设深度可较浅。

②管网之间的距离还需要符合最小间距与最小覆土厚度的要求。

3.1.2 管网再生重构主要方法

旧工业厂区内管网再生遵循初期调研（现状调查）、负荷估计、系统规划、方案提出的基本程序与原则，如图 3.4 所示。

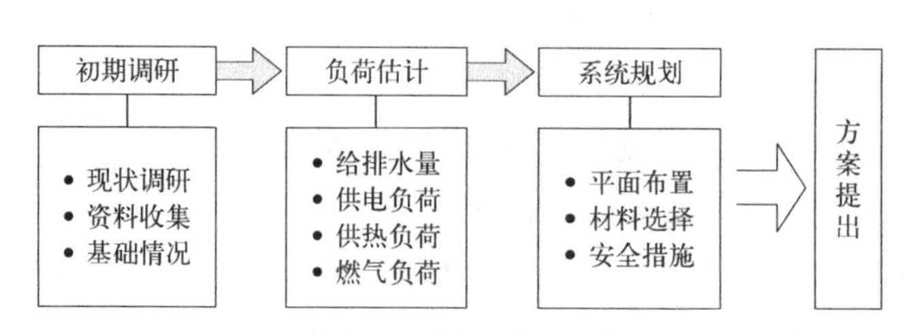

图 3.4 管网再生基本程序

3.1.2.1 给水排水管网重构方法

（1）任务确定。进行给水排水管网规划时，首先要明确规划设计项目的性质，获取规划任务的内容、范围，以及有关部门对给水排水管网规划的指示、文件。

（2）现状调查。基础资料主要有：厂区分区规划中包括的建筑层数、水质资料和卫生设备标准；地形图资料；现有给水、排水设备；用水量和排水量。针对旧工业厂区再生规划设计，为了了解实际情况，增强认识，一般须进行实地踏勘，并绘制给水排水管网现状图。

（3）方案设计。在资料收集和实地踏勘基础上，制定给水排水管网规划设计方案，考虑到利用既有管网的可能性，需要重点关注管网安全性。通常拟订多个方案，进行方案分析，逐渐优化出最佳方案。

（4）规划图绘制。规划图纸的比例采用1：10000～1：5000，图中应包括给水水源接入点、出水口位置、泵站位置、管径、管道布置以及安全措施等。图中标注应明确管道与建（构）筑物之间、管道与管道之间的距离。为便于后期维护与更新，再利用的既有管网应在规划图中体现。

3.1.2.2 供电管网重构方法

（1）资料收集。基础资料主要包括：既有供电管网布置图、电网结构及等级、变压器布局；厂区再生模式及发展方向；再生后建构筑物布局与功能。

（2）了解规划情况。厂区规划中对整个厂区发展的近、中、远期的总体布局，各新建、改建、扩建部分中功能区，如工业、商业、居住等规划发展安排，以及厂区内其他建设对供电提出的要求等。了解城市供电管网规划，与其同步发展相互协调。

（3）用电负荷估计。明确旧工业厂区再生后的发展计划，对用电的要求以及特殊要求。收集用户负荷规划，预测负荷年最高、最低、平均值、年用电量，有功、无功功率需求情况。

（4）方案提出。在分析原供电管网、城市供电规划、和负荷预测的基础上，根据主观需要和客观可能提出可行的方案稿。方案应明确电网结构、线路、变压器分布。方案中应指出既有供电管网的利用部分。

3.1.2.3 供热管网重构方法

（1）集中供热。集中供热是根据热负荷的数量、性质和对象以及供热范围内的地形、地势和环境条件进行的供热。由于具有热负荷多、热源规模大、热效率高、节约燃料等优点，该方法被普遍应用。集中供热规划是厂区总体规划的一个组成部分，是编制供热工程计划任务书和指导供热工程分期建设的重要依据。

（2）分散供热。分散供热是指单户或单栋建筑物自身单独供热。与集中供热相同之处在于，供热热能来源已淘汰燃煤的方式，主要为天然气、电能以及太阳能等。不同之处在于分散供热无需大规模布置管道、供热时间更灵活。

(3) 城网供热。城网供热是指厂区再生后利用城市供热管网，接入城网后供热的方式。与集中供热的区别在于无需布置锅炉房等，同时降低能源消耗。

3.1.2.4　燃气管网重构方法

(1) 负荷预测。厂区内用气领域主要为居民、商户、供热设备等，用户的需求量是确定燃气管网规模的重要指标。用气负荷取决于用户类型、数量及用气量，同时亦是确定气源、管网布置和设备的依据。

(2) 气源确定。气源指向输配系统提供燃气的设施。厂区气源的选择一般与其所在城市相结合，目前城市内主要使用燃气为液化天然气。

(3) 输配系统规划。燃气输配系统是从气源到用户间一系列输送、分配、储存设施和管网的总称。厂区内输配设施主要有储配站、调压计量站等，管网按压力不同分为高压管网、中压管网和低压管网。进行厂区燃气输配系统规划，就是要确定输配设施的规模、位置，布置输配管网并估算输配管网的管径。

3.1.3　管网安全规划检测与评定

3.1.3.1　管网安全检测

(1) 检测内容

在旧工业厂区项目再生重构初期，需要对原有管道进行检测与评估。在检测与评估的过程中需要确定管网缺陷类型、修复范围、开挖工艺及修复方法。

管网检测内容应包括缺陷位置、缺陷严重程度、缺陷尺寸、特殊结构和附属设施等。结构性缺陷包括裂缝、变形、腐蚀穿孔、错口和接口材料脱落等；功能性缺陷包括沉积、腐蚀瘤、水垢、污染物和障碍物等；特殊结构和附属设施包括异形管件、倒虹管和阀门等。

(2) 检测方法

管网检测应采取保护人身安全的措施，检测过程中不应对管道产生污染，并应减少对用户正常用水的影响，宜采用无损检测方法。管网检测方法可采用电视检测（CCTV）、试压检测、取样检测和电磁检测等方法，检测原理及示例如表 3.1 所示。

3.1.3.2　管网安全评定

管网安全评定应依据管网基本评估资料、运行维护资料、管道检测成果资料等，进行综合评估。目前国内还没有相关的供水管道检测与评定的技术规程，只规定了非开挖改造的管道评估的总体原则，为供水管道非开挖改造的设计提供原则性规定，管道状况与改造工艺的关系可参考表 3.2 进行选择。

对厂区既有管网进行安全检测后，梳理厂区及周边管网现状，以此为基础整理管网安全评定报告，具体内容如表 3.3 所示。

管网检测方法　　表 3.1

方法	检测原理	示例
电视检测(CCTV)	电视检测是最广泛应用的管道检测方法，其检测成果是管道评估和管道改造方法选择的重要依据。当现场条件无法满足时，应采取降低水位措施或采用具有潜水功能的检测设备	
试压检测	试压检测的具体方法可根据实际需要变化。对管道注水加压到试验压力，之后不断补水使试验压力恒定，并同步记录补水量，通过补水间接反映管道在恒定的试验压力下的渗水速率。因为待检测管段的承压能力较新建管道已经下降，因此试压检测的试验压力不宜过大，避免因压力过大而破坏管道结构	
电磁法探测	电磁法探测的设备包含激励探头和接收探头。探测过程中，激励探头感应产生直接磁场与间接磁场。直接磁场在管道内经空气直接传播到接收探头的磁场。间接磁场激励探头在管道内某一侧感应产生不断变化的磁场。该磁场沿管道圆周传播后到达另一侧的接收探头，在接收探头中感应产生电压	
声发射检测	能量释放而形成声发射，安装在管道内部的传感器接收声信号。数据传输到采集系统，系统识别出反映断丝特征的信号，通过 Internet 传输到中央处理设备，经过分析处理后，就能即时确定断丝数量、断丝位置	

管段状况与改造工艺的对应关系　　表 3.2

管段状况	宜采用的改造工艺
管体结构良好，仅存在沉积物、水垢、锈蚀等功能性缺陷	非结构性改造
管体结构基本良好，存在腐蚀、渗漏、穿孔和接头漏水	非结构性改造成局部修复
管体结构性缺陷严重，普遍的外腐蚀、爆管频繁，漏损严重，强度不能满足要求	结构性改造

管网安全评定报告　　表 3.3

报告主题	报告事项	基本内容
管网安全评定报告	第Ⅰ部分	竣工年代、管网用途、管径及埋深、管材材质和接口形式，设计流量和压力，结构和附属设施，工程地质和水文地质条件（包括管道所处地基情况、覆土类型及其厚度、地下水位等）
	第Ⅱ部分	周边环境情况，主要包括原有管网区域内交通情况，其他管网、建（构）筑物与原有管网的相互位置关系及属性等基本资料
	第Ⅲ部分	管网运行维护资料
	第Ⅳ部分	电视检测、目测、试压检测、取样检测等管网检测资料
	第Ⅴ部分	管网缺陷定性分析、管段整体状况评估及建议采用的改造方法

注：非开挖更新改造工程设计前应详细调查原有管网的基本概况，并应取得管网检测与评估资料。

3.2 给水排水管网安全规划

3.2.1 给水排水管网规划设计

给水排水管网规划是根据旧工业厂区总体规划原则所确定的，如旧工业厂区用地范围和发展方向，各种功能分区的用地布置，厂区入口规模，规划年限，建造标准和建筑层数等规划。给水排水工程的规划年限与厂区总体规划年限一致，给水排水系统的布置根据厂区用地布局和发展方向等确定。

3.2.1.1 给水管网规划

给水管网规划的内容一般包括：确定用水量定额，估算旧工业厂区总用水量；合理选择水源；拟定给水系统方案；布置给水管网；制定水资源保护及节约用水的措施；估算工程造价，优化方案。

（1）确定用水定额，估算厂区总用水量和给水系统中各单项工程设计水量。

（2）进行水资源与城市用水量之间供需平衡分析，合理地选择水源，并确定城市取水位置和取水方式。

（3）根据厂区的特点，提出给水系统布局框架。

（4）选择水厂位置，并考虑给水处理方法及用地。

（5）布置厂区输水管道及配水管网，估算管径及泵站提升能力。

（6）提出水资源保护以及开源节流的要求和措施。

（7）论证各方案的优缺点，估算工程造价和年经营费，进行给水系统方案比较，选定规划方案。

3.2.1.2 排水管网规划

旧工业厂区排水管网规划是根据厂区总体规划，制定排水方案，使厂区有合理的排水条件。具体规划内容有下列几方面。

（1）估算排水量

估算厂区各种排水量时要分别估算生活污水量、工业废水量和雨水量。一般将生活污水量和工业废水量之和称为总污水量，雨水量单独估算。

（2）拟定污水、雨水的排除方案

在拟定的污水、雨水排除方案中，包括确定排水界限和排水方向，研究生活污水、工业废水和雨水的排除方式，旧工业厂区原有排水设施的利用与改造以及确定在规划期限内排水系统建设的远近期结合、分期建设等问题。

（3）研究污水处理与利用的方法是指根据国家环境保护规定及城市规划的具体条件，确定其排放程度、处理方式以及污水、污泥综合利用的途径。

（4）布置排水管道

布置排水管道，包括污水管道、雨水管渠、防洪沟等的布置，布置过程中决定大干管、干管的平面位置、高程，估算管径、泵站设置等。

3.2.2　给水管网再生重构

3.2.2.1　给水管网布置的基本要求

给水管网一般由输水管（由水源到水厂及由水厂到配水管的管道，一般不装接用户水管）和配水管（把水送至各用户的管道）组成。厂区内输水管不宜少于两条。给水管网的布置形式与厂区规划、用户分布及对用水要求等相关。

（1）应符合厂区总体规划的要求，并考虑供水的分期发展，留有充分的余地；

（2）管网应布置在整个给水区域内，在技术上要使用户有足够的水量和水压；

（3）无论在正常工作或在局部管网发生故障时，应保证不中断供水；

（4）在经济上要使给水管道修建费最少，定线时应选用短捷的线路，并要使施工方便。

3.2.2.2　给水管网布置形式

（1）树枝状管网

树枝状管网中干管与支管的布置犹如树干与树枝的关系。其主要优点是管材省、投资少、构造简单；缺点是供水可靠性较差，一处损坏则下游各段全部断水，同时各支管末端易造成“死水”，导致水质恶化。

这种管网布置形式适用于地形狭长、用水量不大、用户分散的厂区；或在建设初期先用树枝状管网，再按发展规划形成环状。一般情况下，厂区内居住区详细规划是不单独选择水源的，而是由邻近道路下面的城市给水管道供水，街坊只考虑其最经济的入口。旧工业区内部的管网布置，通常根据建筑群的布置组成树枝状，如图 3.5 所示。

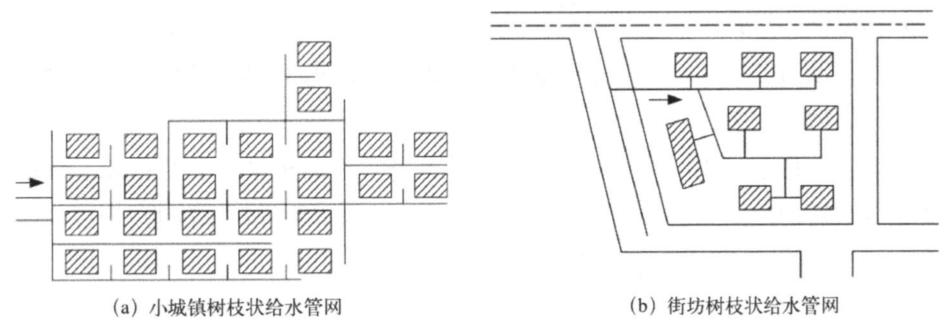

（a）小城镇树枝状给水管网　　（b）街坊树枝状给水管网

图 3.5　树枝状管网布置

（2）环状管网

环状管网是指供水干管间都用联络管互相连通起来，形成许多闭合的环，这样每条管道均可保证由两个方向来水，供水安全可靠。一般对给水系统或供水要求较高的大型旧工业厂区均应用环状管网，如图 3.6(a)所示。另外环状管网还可降低管网中的水头损失，节省动力，管径可稍减小。同时减轻管内水锤的威胁，有利管网的安全。街坊式环状管网，如图 3.6（b）所示，在实际工作中为了发挥给水管网的输配水能力，达到工作安全可靠且适用经济，常采用树枝状与环状相结合的管网，如在主要供水区采用环状，而在边远区可采用树枝状管网。

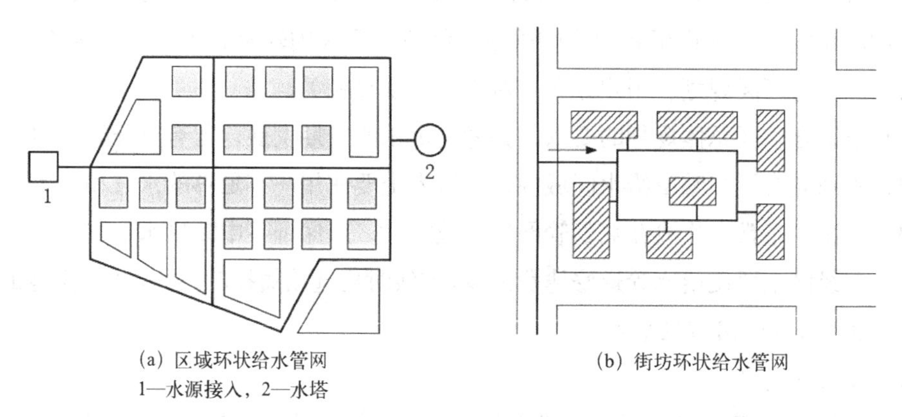

（a）区域环状给水管网
1—水源接入，2—水塔

（b）街坊环状给水管网

图 3.6　环状管网

3.2.2.3　给水管网的布置原则

在满足基本要求的前提下，给水管网布置还需符合相关原则。

（1）符合总体规划

①干管的布置应考虑厂区发展和分期建设的要求，通常由一系列邻接的环组成，并且较均匀地分布在厂区整个供水区域。

②一般按规划道路布置，尽量避免在重要道路下敷设。

（2）满足设计要求

①干管布置的主要方向应按供水主要流向延伸，而供水流向取决于最大用水户或水塔等调节构筑物的位置。

②通常为使供水可靠，按照主要流向布置几条平行的干管，干管间用连通管连接，这些管线以最短的距离到达用水量大的主要用户。干管间距视供水区的大小、供水情况而不同，一般为 500 ~ 800m。

③应符合管网综合设计的要求，尽可能布置在高地，以保证用户附近配水管中有足够的压力。

3.2.3　排水管网再生重构

3.2.3.1　排水管网组成

收集厂区内生活污水和部分工业生产污水的排水系统，主要由五部分组成，如图 3.7 所示。

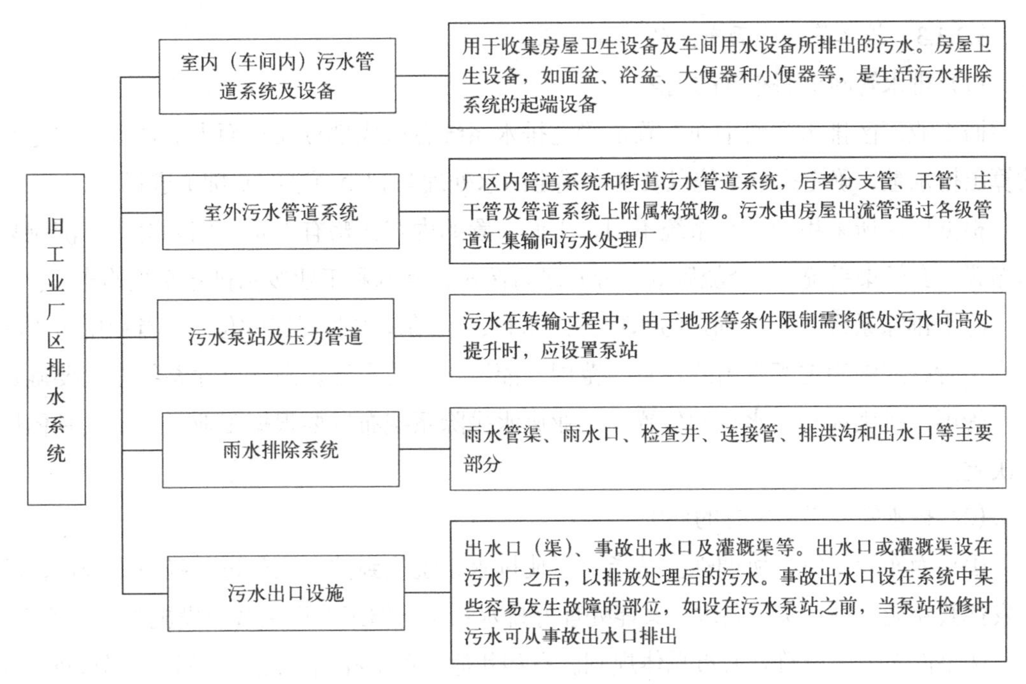

图 3.7　旧工业厂区排水系统组成部分

3.2.3.2　排水方式

（1）分流制排水系统

当生活污水、工业废水、雨水用两个或两个以上的排水系统来汇集和输送时，称为分流制排水系统，如图 3.8 所示。其中汇集生活污水和工业废水的系统称为污水排除系统；汇集和排泄降水的系统称为雨水排除系统；只排除工业废水的管网称为工业废水排除系统。分流制排水系统又分为完全分流制和不完全分流制。

（2）合流制排水系统

将生活污水、工业废水和降水用一个管网系统汇集输送的称为合流制排水系统。根据污水、废水、雨水混合汇集后的处置方式不同，可分为直泄式、全处理、截流式合流制（如图 3.9 所示）三种情况。

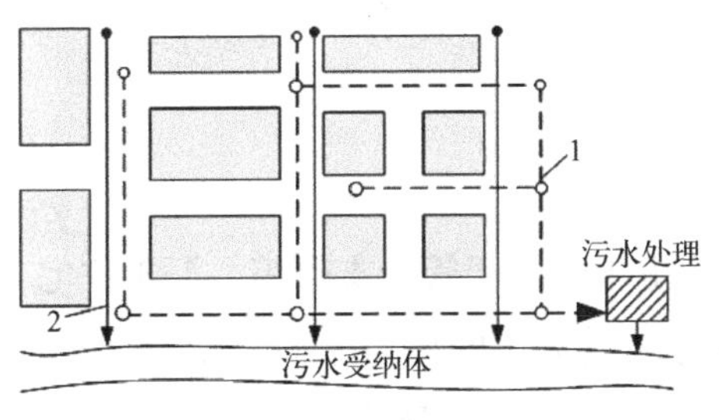

图 3.8　分流制排水系统示意图

1—污水管道；2—雨水管道

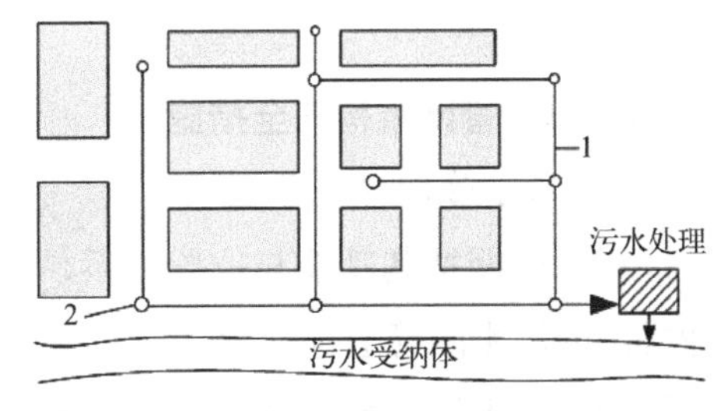

图 3.9　截流式合流制排水系统示意图

1—合流管道；2—溢流井

3.2.3.3 排水管网平面布置的内容及原则

(1) 排水管网平面布置的内容

旧工业厂区排水管网平面布置是确定排水系统各组成部分在平面上的位置。它是在估算出排水量，确定排水系统以及基本确定污水处理与利用原则的基础上进行的。

根据厂区所采用的排水系统不同，平面布置的内容亦略有差别。例如对于合流制只需布置一套管渠系统；而分流制则要分别进行污水、雨水和工业废水排除系统的布置。

污水排除系统布置要确定污水厂、出水口、泵站及主要管道的位置；当利用污水灌溉农田时，还需确定灌溉田的位置、范围、灌溉干渠的布置。雨水排除系统布置要确定雨水管渠、排洪沟和出水口的位置。工业废水排除系统布置要根据工业类别，按具体情况决定。

(2) 排水管网平面布置的原则

①平面布置应符合协调性。是指为了使排水系统达到技术上先进、经济上合理，既能发挥其功能，满足实用要求，又能处理好排水系统与旧工业厂区其他设施的相互关系。

②平面布置中应符合城市总体规划。在和其他单项工程密切配合、相互协调的同时，满足环境保护方面的要求；充分发挥厂区原有排水设施的作用；远近期结合，安排好分期建设。综合以上布置要求及原则，某旧工业厂区排水管网布置示意图如图 3.10 所示。

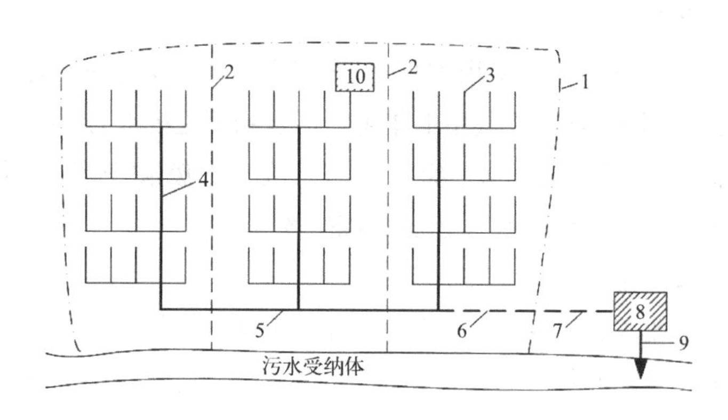

图 3.10 某旧工业厂区排水管网布置示意图

1—厂区边界；2—排水流域分界线；3—污水支管；4—污水支干管；5—污水主干管；
6—污水泵站；7—压力管；8—污水处理厂；9—出水口；10—在役建筑

3.2.4 给水排水管网重构安全措施

3.2.4.1 污水管网安全布置

厂区污水管网按其功能与位置关系，可分为主干管、干管、支管等。汇集住宅、工业企业排出的污水的管道称为污水支管；承接污水支管来水的称为污水干管；承接污水干管来水的称为主干管。由污水处理厂排至水体的管道称为出水管道。

影响污水管网平面布置的主要因素有：①厂区地形、水文地质条件；②厂区的远景规划、竖向规划和再生建造顺序；③城市排水体制、污水处理厂、出水口的位置；④排水量大的工业企业和大型公共建筑的分布情况；⑤街道宽度及交通情况；⑥地下管线、其他地下建筑及障碍物等。

污水管网应尽可能避免穿越河道、铁路、地下建筑或其他障碍物，也要注意减少与其他地下管线交叉。根据污水管网平面布置的影响因素，可大致将污水布置方式分为干管平行式或干管正交式如图 3.11 所示。

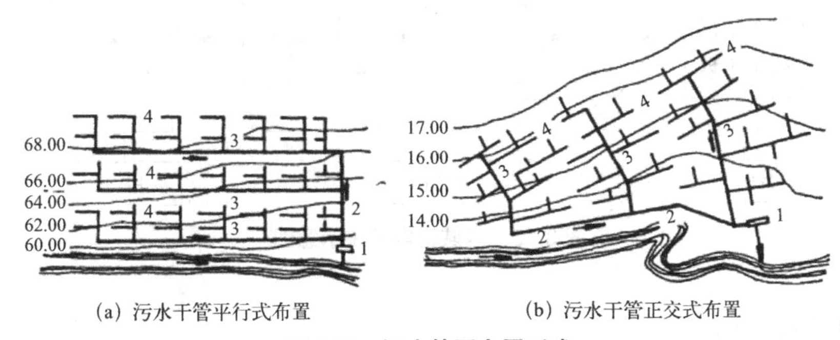

图 3.11　污水管网布置形式

1—污水处理厂；2—主干管；3—干管；4—支管

3.2.4.2　管网埋深设置

管道的埋深是指从地面到管道内底的距离。管道的覆土厚度是从地面到管顶外壁的距离，如图 3.12 所示。污水管道的埋深对于工程造价和施工影响很大。

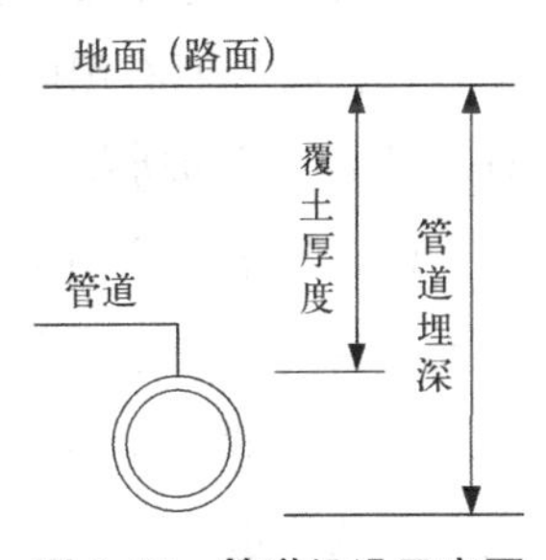

图 3.12　管道埋设示意图

在管网布置时，应注意减少控制点管道的埋深，通常采用的措施有：①增加管道的强度；②为防止冰冻，可以加强管道的保温措施；③为保证最小覆土厚度，可以填土提高地面高程；④必要时设置提升泵站，减小管道埋深。

除考虑管道的最小埋深外，也应考虑污水管道的最大埋深。管道的最大埋深取决于土壤性质、地下水位及施工方法等。在干燥土壤中一般不超过 7 ～ 8m；在地下水位较高、流砂严重、挖掘困难的地层中通常不超过 5m。当管道埋深超过最大埋深时，应考虑设置污水泵站等措施，以减小管道的埋深。

3.3　供电管网安全规划

3.3.1　供电管网规划设计

供电管网的服务对象是整个旧工业厂区，是庞大的系统工程，需各部门的支持和配合，在供电管网规划时应服从总体规划、统筹安排，并组织有关部门协调，统一进行。

供电管网的规划，既是电力系统发展规划的部分，同时也是厂区未来发展规划的一部分，应由供电管网规划部门和其他规划部门密切合作，以供电管网规划部门为主来具体执行此项任务，某区域配电示意图如图 3.13 所示。

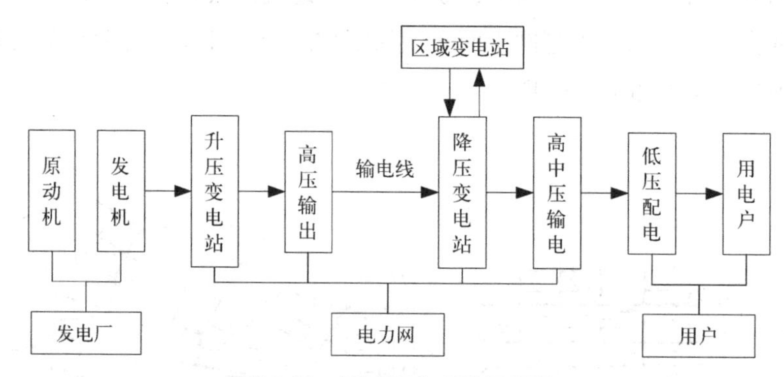

图 3.13　区域配电系统示意图

3.3.1.1　基本方法

（1）收集供电管网有关资料。主要了解原有工业厂区供电管网的总体供电能力，有功功率、无功功率，电力、电量平衡情况，各种典型日、月、季、年负荷曲线，电网结构，电压等级，变电站布局，主网和配网的结线，线路走向，原有规划发展方向及存在问题。

（2）收集原有用电负荷情况。主要了解原有负荷年最高、最低、平均值、年用电量，有功功率、无功功率需求情况，有无缺电、限电等情况，最近几年负荷的发展变化情况等。

（3）收集用户负荷计划、规划。了解厂区各规划建筑的发展计划、用电需求、有无重大项目安排计划、有无特殊要求等。

（4）了解厂区规划发展情况。整个厂区建设的近、中、远期的总体布局，包括旧工业厂区的改造与新建建筑的区域，各功能区如工业、商业、文化、教育、居民等规划发展安排。

（5）了解供电管网所在电力系统的发展规划。供电管网的电力依靠所在电力系统来供应，供电管网要与其电力系统同步发展，要与整个电力系统发展建设规划相结合。

（6）提出规划可行方案。在分析旧工业厂区电网、厂区规划、供电管网规划意向和进行负荷预测的基础上，根据主观需要和客观可能提出若干个可行的征求意见方案稿，并进行适应性的修改补充和完善。

3.3.1.2　基本内容

（1）分析原有城网现状，找出所具有的特点和存在的主要问题，提出改造、更新、扩建、发展的主要方向。

（2）进行负荷发展预测，推断出各分区总体负荷发展中各阶段的负荷密度和总值，包括有功功率或无功功率的电力、电量分布情况。

(3) 根据规划功能分区和线路走廊的条件，划分若干供电区，将商业区、工业区、用电大户和新的经济开发区的供电划为重点对象安排解决。

(4) 进行有功功率、无功功率电力电量平衡计算，提出规划电网的基本网架结构，主要变电站的大体位置和主要线路的基本走向。

(5) 根据主要变电站布点进行主网结构设计，并提出若干个可供选择的方案进行技术设计计算，对投资、运行费进行估算，对各方案进行技术经济比较论证，选择最优方案和次优方案提供决策。

(6) 对选定方案进行具体的设计计算，选择主要设备和材料，计算主要工程量和工程投资。

(7) 提出对电网进行改造、更新、扩建、工程分期实施的方案并提出相应的分期投资施工进度和工程投运的期限计划。

(8) 绘制规划方案成果的总平面图、网络接线图，编制规划说明书，并列出规划成果的有关图表。

3.3.1.3 电力需求预测

(1) 短期电力需求预测周期为 1 ~ 5 年，主要是为 5 年以内的旧工业厂区再生项目计划实施和规划滚动调整提供依据。

(2) 中期电力需求预测周期为 5 ~ 15 年，主要为对应时期内电力系统规划的编制提供依据。

(3) 长期电力需求预测周期为 15 ~ 20 年以上，主要用于制定电力工业的战略规划。

中长期电力需求预测之间是相互联系和相互影响的，长期电力需求预测对中期电力需求预测具有指导作用，中期电力需求预测是对长期电力需求预测的滚动修正和完善，由于受到社会、经济、环境等各种不确定因素的影响，电力需求的变化也具有较大的不确定性，因此要进行完全准确的电力需求预测是十分困难的，与其他经济预测类似，更多的是对发展趋势的预测。

3.3.1.4 电力供需现状分析

(1) 电量数据，包括厂区总用电量、各分区用电量预测、电网统调及发购电量、售电量、高耗电行业用电量等。

(2) 电力负荷数据及负荷特性分析。

(3) 各类电源在建项目和预计投产时间。

(4) 区域内输配电电网现状。

3.3.2 供电管网再生重构

3.3.2.1 变电站控制措施

在选择变电站站址方案时，事先需勘查本变电站的供电负荷对象、负荷分布、供电要求。变电站站址的选择必须适应电力系统发展规划和布局的要求，尽可能地接近主要用户，靠近负荷中心。这样，既减少了输配电线路的投资和电能的损耗，也降低了事故发生的概率，同时也可避免由于站址远离负荷中心而带来的其他问题。

（1）合理布局地区电源

应考虑厂区原有电源、新建电源以及计划建设电源情况，使厂区电源和变电站不集中在一侧，以便电源布局分散。

（2）高低压各侧进出线方便

应考虑各级电压出线的走廊，不仅要使送电线能进得来走得出，而且要使送电线路交叉跨越少、转角少。

（3）选址地形、地貌及土地面积应满足近期建设和远期发展要求

在站址选择时，不仅要贯彻节约用地的精神，而且要结合具体工程条件，采取多种布置方案（如阶梯布局、高型布置等），因地制宜地适应地形、地势，充分利用坡地、丘陵地。

（4）站址所处地质条件应适宜，不能出现内涝；确定站址时，应考虑其与邻近设施的相互影响。

3.3.2.2 线路路径选择的控制措施

按照线路起讫点间距离最短的原则，结合政府规划，避开已有送电线路、通信线、导航台、收发信台或其他重要管线的影响范围，考虑地形等因素。

尽可能选择长度短、水文和地质条件较好的路径方案；尽可能避开绿化区、果木林、公园、防护林带；尽可能少拆迁房屋及其他建筑物。

3.3.3 供电线路重构安全措施

3.3.3.1 屋内外配电装置

屋外、屋内配电装置的安全净距应分别符合表3.4、表3.5的规定。当电气设备外绝缘体最低部位距地面小于2.5m时，应装设固定遮拦。

屋外配电装置的安全净距（m） 表3.4

符号	适用范围	额定电压（kV）							
		3～10	15～20	35	63	110J	110	220J	500
A1	带电部分至接地部分之间 网状遮拦向上延伸线距地2.5m处与遮拦上方带电部分之间	200	300	400	650	900	1000	1800	3800
A2	不同相的带电部分之间 断路器和隔离开关的断口两侧引线带电部分之间	200	300	400	650	1000	1100	2000	4300

续表

符号	适用范围	额定电压（kV）							
		3～10	15～20	35	63	110J	110	220J	500
B1	设备运输时，其外廓至无遮拦带电部分之间	950	1050	150	1400	1650	1750	2550	4550
	交叉的不同时停电检修的无遮拦带电部分之间								
	栅状遮拦至绝缘体和带电部分之间								
B2	网状遮拦至带电部分之间	300	400	500	750	1000	1100	1900	3900
C	无遮拦裸导体至地面之间	2700	2800	2900	3100	3400	3500	4300	7500
	无遮拦裸导体至建筑物、构筑物顶部之间								
D	平行的不同时停电检修的无遮拦带电部分之间	2200	300	2400	2600	2900	3000	3800	5800
	带电部分与建筑物、构筑物的边沿部分之间								

注：海拔超过 1000m 时，A 值应进行修正。

屋内配电装置的安全净距（m） 表 3.5

符号	适用范围	额定电压（kV）									
		3	6	10	15	20	3	63	110J	110	220J
A1	带电部分至接地部分之间	75	100	125	150	180	300	550	850	950	1800
	网状和板状遮拦向上延伸线距地 2.3m 处与遮拦上方带电部分之间										
A2	不同相的带电部分之间	75	100	125	150	180	300	550	900	1000	2000
	断路器和隔离开关的断口两侧引线带电部分之间										
B1	栅状遮拦至带电部分之间	825	850	875	900	930	1050	1300	1600	1700	2250
	交叉的不同时停电检修的无遮拦带电部分之间										
B2	网状遮拦至带电部分之间	175	200	225	250	280	400	650	950	1050	1900
C	无遮拦裸导体至地楼面之间	2500	2500	2500	2500	2500	2600	2850	3150	3250	4100
D	平行的不同时停电检修的无遮拦裸导体之间	1875	1900	1925	1950	1980	2100	2350	2650	2750	3600
	通向屋外的出线套管至屋外通道的路面	4000	4000	4000	4000	4000	4000	4500	5000	5000	5000

3.3.3.2 送电线路与特殊建筑物及设施的安全距离

（1）送电线路与甲类火灾危险性的生产厂房，甲类物品库房，易燃、易爆材料堆场以及可燃或易燃、易爆液（气）体贮罐的防火间距，不应小于杆塔高度的 1.5 倍；与散发可燃气体的甲类生产厂房的防火间距，应大于 20m。

（2）送电线路与铁路、道路、河流、管道、索道及各种架空线路交叉或接近，应符合相关规范要求。

3.3.3.3 接户线的安全距离

（1）接户线受电端的对地面距离：高压接户线≥ 4m，低压接户线≥ 2.5m。

（2）高压接户线至地面的垂直距离：跨越街道的低压接户线至路面中心的垂直距离：通车街道≥ 6m，通车困难的街道、人行道≥ 3.5m，胡同≥ 3m。

（3）低压接户线与建筑物有关部分的距离：与下方窗户的垂直距离≥ 0.3m，与上方阳台或窗户的垂直距离≥ 0.8m，与窗户或阳台的水平距离≥ 0.75m，与墙壁构架的距离≥ 0.05m。

（4）低压接户线与弱电线路的交叉距离：在弱电线路上方≥ 0.6m，在弱电线路的下方≥ 0.3m，如不能满足上述要求，应采取隔离措施。

（5）高压接户线与弱电线路的交叉角应符合有关规定。

（6）高压接户线与道路、管道、弱电线路交叉或接近，应符合规范的规定。

（7）低压接户线路与其他设施交叉跨越：导线与地面、建筑物、树木、铁路、道路、管道及各种架空线路的距离，应根据最高气温情况或覆冰情况求得最大弧垂，和根据最大风速情况或覆冰情况求得的最大风偏进行计算。大跨越的导线弧垂应按导线实际能够承受的最高温度计算。

3.4 供热管网安全规划

3.4.1 供热管网规划设计

旧工业厂区供热可分为集中供热和分散供热。集中供热根据热负荷的数量、性质和对象以及供热范围内的地形、地势和环境条件可进行不同规模的供热。分散供热仅对单户、单栋建筑物供热。集中供热由于具有热负荷多、热源规模大、热效率高、节约燃料和劳动力、占地面积小等优点，因而被普遍应用。

3.4.1.1 供热管网规划的主要内容

（1）了解厂区现状和规划的有关资料，包括各类建筑的面积、层数、质量及其分布，工业类别、规模、数目、发展状况及其分布等。

（2）收集当地近 20 年的气象统计资料，绘制热负荷延时曲线，计算采暖热负荷年利用小时数。

（3）根据总体规划对厂区各种热负荷的现状和发展情况进行详细调查。在调查的基础上，确定热指标、计算各规划期的热负荷，并对各种热负荷的性质、用热参数、用热工作班制等加以仔细分析，绘制总热负荷曲线。

（4）根据热负荷的分布情况，绘制不同规划期的热区图。

（5）在热源位置和供热范围基本确定的情况下，根据道路、地形和地下管线敷设位置等条件，确定城市管网的布局和主要供热干管的走向，确定与用户连接方式、管网敷设方式等。

3.4.1.2 供热管网系统的组成

旧工业厂区供热管网系统由热源、热力网和热用户 3 大部分组成。根据热源的不同，一般可分为热电厂集中供热系统（即热电联产的供热系统）和锅炉房集中供热系统。也可以是由各种热源（如热电厂、锅炉房、工业余热和地热等）共同组成的混合系统。

根据锅炉型式不同，锅炉房集中供热系统可以分为两种类型：①蒸汽锅炉房的集中供热系统（多用于工业生产的供热）；②热水锅炉房的集中供热系统（常用于民用供热）。

3.4.2　供热管网再生重构

3.4.2.1　供热管网布置要求及原则

（1）供热管网布置要求

①管网布置应在厂区总体规划的指导下，深入地研究各功能分区的特点及对管网的要求。

②管网布置应能与厂区发展速度和规模相协调，并在布置上考虑分期实施。

③管网布置应满足生产、生活、采暖、空调等不同热用户对热负荷的要求。

④管网布置应考虑热源的位置、热负荷的分布，以及热负荷的密度。

⑤管网布置应充分注意与地上、地下管道及构筑物、园林绿地的关系。

⑥管网布置要认真分析当地地形、水文、地质条件。

（2）供热管网的布置原则

①管网力求线路短直，且主干线尽可能通过热负荷中心。

②在满足安全运行、维修简便的前提下，应节约用地。

③管网敷设应力求施工方便，工程量少。

④管线一般应沿道路敷设，不应穿过重要道路、仓库、堆场以及发展扩建的预留地段。

⑤在管网改建、扩建过程中，应尽可能做到新设计的管线不影响原有管道正常运行。

3.4.2.2　供热管网的基本形式

供热管网室外布置的基本形式一般有4种，如图3.14所示。

在地平面上确定供热管线的布置形式和走向，一般称为“定线”，是管网设计的重要工序。定线主要以厂区或街区的总平面布置，该地区的气象、水文、地质以及地上地下的建（构）筑物的现状和发展规划为依据，同时要考虑热网的经济性、合理性，并注意施工和维修管理方便等因素，来确定管网的布置形式。管网的布置形式不但直接影响管网工程的投资，还影响管网系统运行水力工况的稳定性，因此必须深入调查，反复比较，慎重选定合理的布置形式。

枝状和辐射状管网比较简单，造价较低，运行方便，其管网管径随着与热源距离的增加而逐步减小。其管网布置形式的缺点是没有备用供暖的可能性，特别是当管网中某处发生事故时，在损坏地点以后的用户就无法供热。

环状和网眼状管网主干管是互相联通的，主要的优点是具有备用供热的可能性，其缺点是管径比枝状管网大，消耗钢材多，投资大。在实际工程中，多采用枝状管网形式。

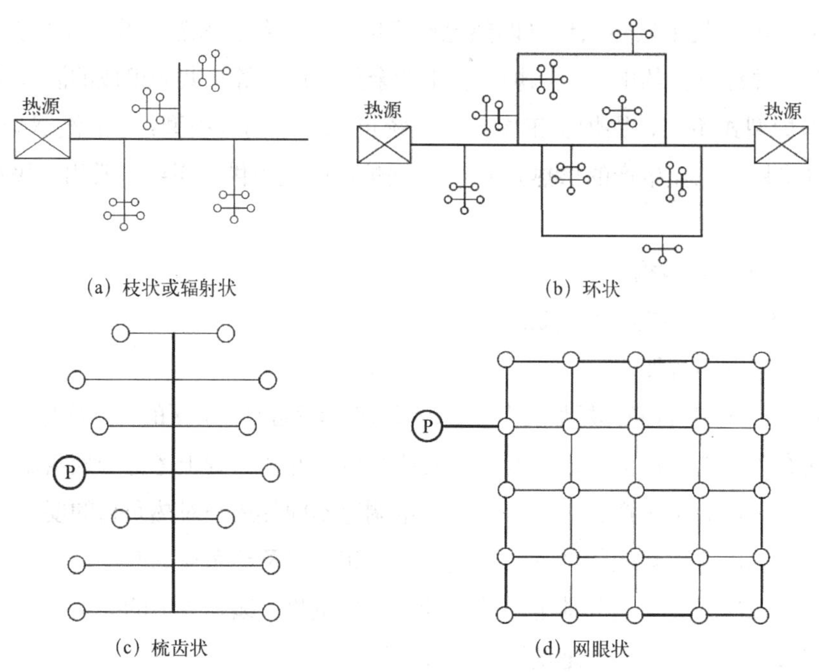

图 3.14 供热管网室外布置的基本形式

3.4.3 供热管网重构安全措施

3.4.3.1 供热管网管道的平面布置位置要求

(1) 道路上的供热管道应平行于道路中心线，并宜敷设在车行道以外，同一条管道应只沿街道的一侧敷设；

(2) 穿过厂区的供热管道应敷设在易于检修和维护的位置；

(3) 通过非建筑区的供热管道应沿公路敷设；

(4) 供热管网选线时宜避开土质松软地区、地震断裂带、滑坡危险地带以及高地下水位区等不利地段。

热力网管沟的外表面、直埋敷设热水管道或地上敷设管道的保温结构表面与建筑物、构筑物、道路、铁路、电缆、架空电线和其他管线的最小水平净距、垂直净距应符合表 3.6 和表 3.7 的规定。

地上敷设热力管网与建筑物或其他管线的最小距离（m） 表 3.6

建筑物、构筑物或管线名称	最小水平净距	最小垂直净距
铁路钢轨	轨外侧 3.0	轨顶一般 5.5 电梯铁路 6.55
电车钢轨	轨外侧 2.0	—
公路边缘	1.5	—
公路路面	—	4.5

续表

建筑物、构筑物或管线名称		最小水平净距	最小垂直净距
架空输电线	<1kV	1.5	1.0
	1kV ~ 10kV	2.0	2.0
	35kV ~ 110kV	4.0	4.0
	220kV	5.0	5.0
	330kV	6.0	6.0
	500kV	6.5	6.5
树冠		0.5（到树中不小于 2.0）	

地下直埋敷设管道的最小覆土深度应考虑土壤和地面活荷载对管道强度的影响，且管道不得发生纵向失稳。

地下敷设热力管网与筑物或其他管线的最小距离（m）　　表 3.7

建筑物、构筑物或管线名称			最小水平净距	最小垂直净距
建筑物基础	管沟敷设热力网管道		0.5	—
	直埋闭式热水热力网管道	DN ≤ 250	2.5	—
		DN ≥ 300	3.0	—
	直埋开式热水热力网管道		5.0	—
铁路钢轨			钢轨外侧 3.0	轨底 1.2
电车钢轨			钢轨外侧 2.0	轨底 1.0
铁路、公路路基边坡底脚或边沟的边缘			1.0	—
通信、照明或 10kV 以下电力线路的电杆			1.0	—
桥墩（高架桥、栈桥）边缘			2.0	—
架空管道支架基础边缘			1.5	—
高压输电线铁塔基础边缘 35kV ~ 220kV			3.0	—
通信电缆管块			1.0	0.15
直埋通信电缆（光缆）			1.0	0.15
电力电缆和控制电缆		35kV 以下	2.0	0.5
		110 kV	2.0	1.0
燃气管道	管沟敷设热力网管道	燃气压力 < 0.01MPa	1.0	钢管 0.15 聚乙烯管在上 0.2 聚乙烯管在下 0.3
		燃气压力≤ 0.4MPa	1.5	
		燃气压力≤ 0.8MPa	2.0	
		燃气压力 > 0.8MPa	4.0	

续表

建筑物、构筑物或管线名称			最小水平净距	最小垂直净距
燃气管道	直埋敷设热水热力网管道	燃气压力≤ 0.4MPa	1.0	钢管 0.15 聚乙烯管在上 0.5 聚乙烯管在下 1.0
		燃气压力≤ 0.8MPa	1.5	
		燃气压力 >0.8MPa	2.0	
给水管道			1.5	0.15
排水管道			1.5	0.15
地铁			5.0	0.8
电气铁路接触网电杆基础			3.0	—
乔木（中心）			1.5	—
灌木（中心）			1.5	—
车行道路面			—	0.7

3.4.3.2　供热管网管道材料控制

供热管网管道应采用无缝钢管、电弧焊或高频焊焊接钢管。管道及钢制管件的钢材牌号不应低于表 3.8 的规定。

供热管道钢材型号及适用范围　　表 3.8

钢材牌号	设计参数	钢板厚度
Q235AF	$P \leqslant 1.0$MPa　$t \leqslant 95$℃	≤ 8mm
Q235A	$P \leqslant 1.6$MPa　$t \leqslant 150$℃	≤ 16mm
Q235B	$P \leqslant 2.5$MPa　$t \leqslant 300$℃	≤ 20mm
10、20、低合金钢	可用于规范适用范围的全部参数	不限

注：表中规范指《城市供热管网设计规范》CJJ 34—2010。

供热管网管道的连接应采用焊接，同时管道与设备、阀门等连接也宜采用焊接；当设备、阀门等需要拆卸时，应采用法兰连接；直径小于或等于 25mm 的放气阀，可采用螺纹连接，但连接放气阀的管道应采用厚壁管。

3.5　燃气管网安全规划

3.5.1　燃气管网规划设计

燃气管网是供应厂区居民生活、商业、采暖通风和空调等用户使用燃气的工程设施，是厂区公用事业的一部分，是旧工业厂区再生重构建设的一项重要基础设施。

燃气管网由气源、输配和应用三部分组成。图 3.15 为以长距离管道输送天然气为气源的燃气管网流程示意图。厂区燃气管道按使用又可分为：①分配管道，是将燃气自接受站（门站）或储配站输送至城镇各用气区域，或将燃气自调压室输送至燃气供应处，并沿途分配给各类用户的管道，包括街区燃气管道和庭院的燃气管道；②用户引入管，是将燃气从分配管道引到用户室内的管道；③室内燃气管道，是建筑物内部的燃气管道，通过用户管道引入口将燃气引向室内并分配到每个燃气用具的管道。

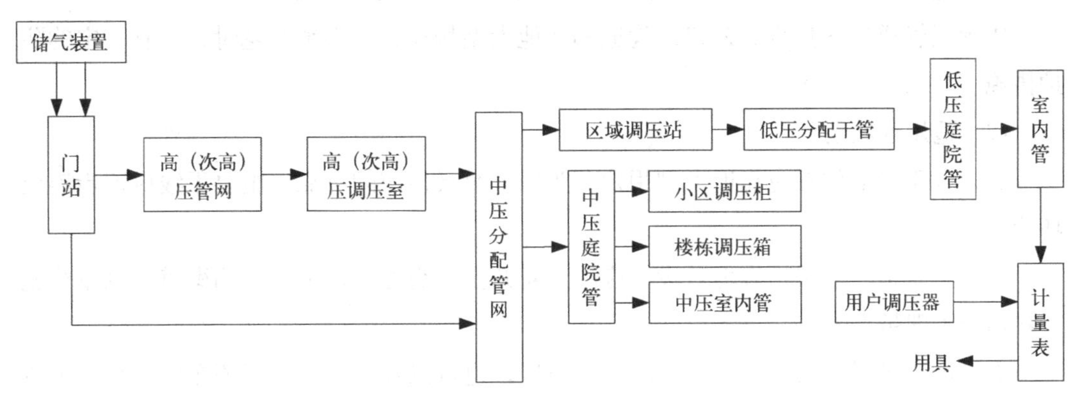

图 3.15　燃气管网流程示意图

（1）气源

在燃气管网中，气源就是燃气的来源，目前常用的气源有长距离管道输送天然气、液化天然气、压缩天然气、人工燃气、液化石油气、生物质燃气等。

（2）输配系统

燃气输配系统是由气源到用户之间的一系列燃气输送和分配设施组成，一般由门站、储气设施、燃气管道、调压设施、输配调度和管理系统等组成。

（3）应用系统

燃气管道按敷设方式分类，可分为地下燃气管道和架空燃气管道。地下燃气管道较为常用。架空燃气管道在管道通过障碍时或在工厂区为了管理维修方便，可采用。按用途分类可分为长距离输气管道、城市燃气管道和工业企业燃气管道。

3.5.2　燃气管网再生重构

燃气管网的作用是安全、可靠地供给各类用户具有正常压力、足够数量的燃气。燃气管网布置，是指在燃气管网系统原则上选定之后，决定各个管段的具体位置。布置燃气管网时，首先要满足使用上的要求，又要尽量缩短线路长度，尽可能节省材料和投资。

旧工业厂区中的燃气管道多为地下敷设。燃气管网的布置应根据厂区全面规划，以厂区近期规划为主，同时远近期结合，做出分期建设的安排。燃气管网的布置工作按压力高低的顺序进行，先布置高、中压管网，后布置低压管网。对于扩建或改建燃气管网的厂区则应从实际出发，充分发挥原有管道的作用。

3.5.2.1 燃气管网布置原则

（1）安全性原则

①燃气管道不准敷设在建筑物的下面，不准与其他管线平行地上下重叠，并禁止在下述场所敷设燃气管道：各种机械设备和成品、半成品堆放场地，高压电线走廊，动力和照明电缆沟槽，易燃、易爆材料和具有腐蚀性液体的堆放场所。

②燃气管道应尽量少穿公路、沟道和其他大型构筑物。必须穿越时，应有一定的防护措施。

（2）适用性原则

①燃气干管的位置应靠近大型用户。为保证燃气供应的可靠，主要干线应逐步连成环状。

②燃气管道一般采用直埋敷设。应尽量避开主要交通干道和繁华的街道，以免给施工和运行管理带来困难。

③沿街道敷设燃气管道时，可以单侧布置，也可以双侧布置。双侧布置一般在街道很宽、横穿马路的支管较多或输送燃气量较大、一条管道不能满足要求的情况下采用。

④低压燃气干管最好在小区内部的道路下敷设。

3.5.2.2 燃气管道安全布置距离

地下燃气管道与建筑物（构筑物）基础及相邻管道之间的水平净距见表 3.9。

地下燃气管道与建筑物、构筑物或相邻管道之间的水平距离（m） **表 3.9**

序号	项目		地下燃气管道				
			低压	中压		次高压	
				A	B	A	B
1	建（构）筑物	基础	0.7	1.0	1.5		
		外墙皮（出地面处）				4.5	6.5
2	给水管		0.5	0.5	0.5	1.0	1.5
3	污水、雨水排水管		1.0	1.2	1.2	1.5	2.0
4	电力电缆（含电车电缆）	直埋	0.5	0.5	0.5	1.0	1.5
		在导管内	1.0	1.0	1.0	1.0	1.5
5	通信电缆	直埋	0.5	0.5	0.5	1.0	1.5
		在导管内	1.0	1.0	1.0	1.0	1.5
6	其他燃气管道	DN ≤ 300mm	0.4	0.4	0.4	0.4	0.4
		DN > 300mm	0.5	0.5	0.5	0.5	0.5
7	热力管	直埋	1.0	1.0	1.0	1.5	2.0
		在管沟内	1.0	1.5	1.5	2.0	4.0

续表

序号	项目		地下燃气管道				
			低压	中压		次高压	
				A	B	A	B
8	电杆（塔）的基础	≤ 35kW	1.0	1.0	1.0	1.0	1.0
		>35kW	2.0	2.0	2.0	5.0	5.0
9	通信照明电杆（至电杆中心）		1.0	1.0	1.0	1.0	1.0
10	铁路路堤坡脚		5.0	5.0	5.0	5.0	5.0
11	有轨电车钢轨		2.0	2.0	2.0	2.0	2.0
12	街树（至树中心）		0.75	0.75	0.75	1.20	1.20

地下燃气管道与相邻管道之间的垂直净距见表 3.10。

地下燃气管道与相邻管道之间的垂直净距（m）　　表 3.10

序号	项目		地下燃气管道（当有套管时，以套管计）
1	给水管、排水管或其他燃气管道		0.15
2	热力管的管沟底（或顶）		0.15
3	电缆	直埋	0.50
		在导管内	0.15
4	铁路轨底		1.20
5	有轨电车轨底		1.00

3.5.3　燃气管网重构安全措施

燃气管网根据实际情况进行总体布置，尽量靠近用户。新敷设燃气管道尽量与居民发展建设同步，与其他基础设施统筹安排；在安全供气、布局合理的原则下，尽量减少穿跨越工程，采用支状管网敷设。

旧工业厂区内的居住区燃气管网一般为低压一级管网系统、中压一级管网系统或中低压二级管网系统。在采用低压一级管网系统时，居住区的中低压调压站入口管道和城市中压燃气管网连接，出口管道和居住区低压燃气管网连接，其压力则根据居住区燃气管网最大允许压差确定。主干管应尽量成环状，通向建筑物的支线管道可以辐射成枝状管网。燃气管网的布局在满足用户需要的情况下主要考虑其安全性，注意保持与其他市政管线的安全距离。

居住区燃气管道的敷设方式一般采用埋地敷设，当燃气管道埋设在车行道下时，埋深不小于 0.8m；在人行道下时，埋深不小于 0.6m；在庭院内时，埋深不小于 0.3m。居住区燃气设施主要包括液化石油气气化站、混气站，燃气调压站和液化石油气瓶装供应站等。

3.6 工程案例分析

3.6.1 项目概况

1946 创意产业园原为天津纺织机械厂，天津纺织机械厂始建于 1946 年，占地面积 138 亩，它承载了天津纺织工业厚重而光荣的历史，如图 3.16 所示。2011 年开始一期改造，建成低碳产品、技术与服务研发基地，通过对原有的厂房的主体结构进行加固、改造以及内部空间的分割，重新铺设园区所需的管网，如图 3.17 所示。

图 3.16　产业园内景

图 3.17　改造后管网综合

改扩建后厂区总建筑面积 10 万 m^2，拥有 23 栋不同类型建筑，为了达到低碳产业集聚的目标定位，园区自身的改造就非常注重低碳环保。在厂区再生过程中进行了燃气管网的更新改造，部分厂房拟改造为大型商业广场（A 区），原有居民区继续保留（B 区）。

3.6.2 管网再生重构规划

原厂区内天然气管道为中低压管道，材质绝大部分采用灰口铸铁管。管路连接方式大部分为机械柔性接口，少部分为油麻、青铅、水泥接口的管道（主要为低压管道）。庭院户内管道采用镀锌钢管铅、油麻丝扣连接。1996 年之前安装的镀锌钢管均未作防腐处理，1996 年之后采用沥青漆、玻璃布作简单处理。该厂区燃气管网已经运行 26 年，设计使用年限是 30 年，经实地调研绘制厂区燃气管网图如图 3.18 所示。

经现场踏勘，管网主要安全状况如下：

（1）从现有运行维护记录可知，铸铁管采用柔性结构，管道运行年限较久，密封圈老化和管道连接口松动常常成为管网泄露的原因。同时，由于漏气原因管网气损率高达 12% ~ 18%。为保证管路能够安全运行，每年维护费用较为高额，且呈现逐年增加趋势。

（2）设备、阀门老化，管路密封不严，给维修抢险带来严重安全隐患和不便，如图 3.19 所示。

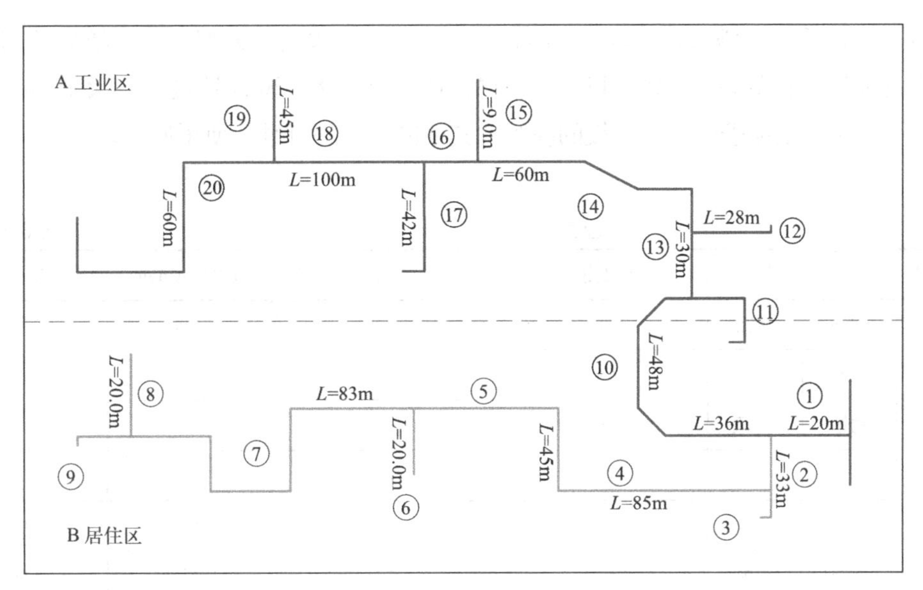

图 3.18　厂区既有燃气管网

(3) 灰口铸铁管脆性强，受外界荷载后极易引发断裂，该厂区 98% 为灰口铸铁管。

(4) 部分设施设备由于长期运行，大多存在老化失效现象，维修成本加大，且维修难度增高，需要继续更换。

(5) 既有管网无法满足用气结构调整所带来的用气压力和负荷，既有旧燃气管网严重限制了厂区发展。

(6) 厂区内燃气管道占、压现象严重，如图 3.20 所示。

图 3.19　阀门锈蚀老化

图 3.20　占压管道

厂区原燃气管道调查评价结果见表 3.11。

根据厂区各管道调查评价结果可知，管段 4、6、10、13、20 的腐蚀深度大于 20%，不满足安全性要求，应该更换新管段。此外管段 5、12 的腐蚀深度接近 20%，经剩余承压强度验证，管段 5 满足，管段 12 不满足。由于 A 区改造为大型商业广场导致用户负荷增大的原因，使管段 1、10、12、13、14、15、16、18、20 流速过大，大于 3m/s，为满足安全需求应更换管径更大一级的新管。其他的管道均可继续使用原管段。

管道调查评价结果 **表 3.11**

管段号	阀门	仪表	安全性（腐蚀深度）	剩余承压强度能否满足	适用性（m^3/h）	流速（m/s）
1	锈蚀	锈蚀	10%	是	408	5.85
2	良好	—	9%	是	142	2.04
3	锈蚀	良好	—	—	—	—
4	锈蚀	—	47%	是	91	2.98
5	良好	—	17%	是	91	2.98
6	锈蚀	锈蚀	21%	否	52	3.40
7	锈蚀	—	—	—	—	—
8	良好	良好	—	—	—	—
9	良好	—	13%	是	27	1.76
10	锈蚀	—	21%	否	266	3.82
11	良好	良好	—	—	—	—
12	良好	—	19%	否	237	3.40
13	良好	锈蚀	31%	否	49	3.20
14	良好	—	6%	是	188	6.15
15	裂纹	良好	9%	是	42	5.62
16	良好	—	6%	是	146	4.77
17	裂纹	良好	—	—	—	—
18	良好	—	8%	是	119	7.77
19	良好	良好	—	—	—	—
20	良好	锈蚀	33%	否	95	6.20

根据燃气管网初评，依据厂区改造后功能划分和场内规划，重新对管网进行布局。并拟定多个改造方案，通过专家会议优化燃气管网布置，同时运用价值指数进行分析、计算和比较，选出最优燃气管网布置图，如图 3.21 所示。

工业区再生为商业区后部分管网不能满足用气负荷的要求，图 3.21 中浅色管线为满足用气负荷的要求而扩大管径的管线，深色为可维持既有管线管径的管段。

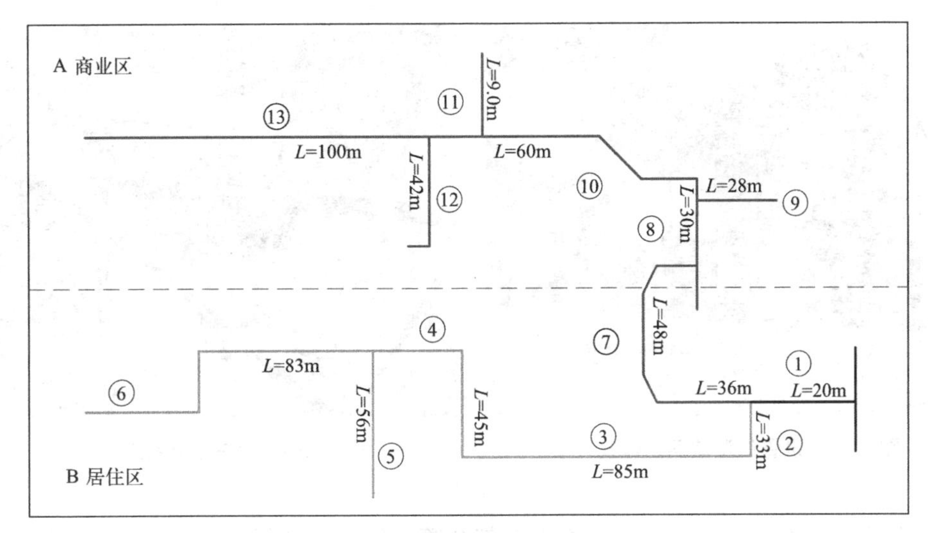

图 3.21 再生后管网规划图

此方案是在保证燃气管网能够安全运行的前提下，充分利用原有管段，不浪费管材和管件。其中更换的管段及阀门等均为钢制管道，具体改造参数见表 3.12。

具体改造参数表 表 3.12

管径	M（kg/m）	改造长度（m）	保留长度（m）
DN50	2.3	45	20
DN65	2.94	51.5	0
DN90	5.13	138	103
DN100	5.52	104	111
DN150	11.41	98	15

新管段总长度是 436.5m，保留管段总长度是 249m，更换阀门 7 个，仪表 6 个，新管段总耗钢量为 2.66t，保留管段耗钢量为 1.36t。由于管网已运行 26 年，设计使用寿命为 30 年，因此原有管段的剩余使用寿命只有 4 年。

3.6.3 重构效果

在改造过程中，厂区大量采用了节能措施：新建材料保温外墙、新技术窗体遮阳、隔热铝合金型材、中空 Low-E 玻璃等建筑节能技术和产品嵌入到产品建筑体，如图 3.22 所示。厂区同时利用了更多的清洁能源提高能效比，示范性应用地缘热泵中央空调系统（如图 3.23 所示）、太阳能集中供热系统、风光互补路灯、屋面雨水收集等环保科技手段，使得改造后的园区真正成为低碳环保示范园区。低碳创意产业取代了传统加工业，产业结构、从业人员、产值税收的层级均得到提升。

图 3.22　设置保温玻璃的建筑外墙

图 3.23　中央空调系统

而在管网重构方面，所选重构方案对部分管段的钢管进行更换，更换部分管段不仅能够达到理想水平，而且相对新建管网也可以节省投资。虽然未更换管网中仍存在部件老化等问题，但不影响管网整体安全运行。在规划初期，考虑采用钢管或 PE 管完全新建。若完全采用钢管新建能确保安全性，但是造价偏高。而采用 PE 管，则在造价及防腐性能上优于钢管，但是 PE 管不耐压力的缺点需要增加较多的保护装置。综合各方面因素，再生后管道安全装置、管道节点如图 3.24 所示。

(a) 管道安全装置

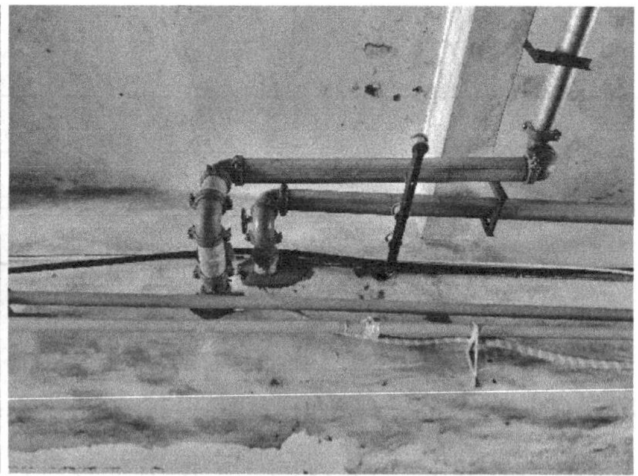

(b) 更换后的管道

图 3.24　再生后燃气管道安全装置与管道

第4章　厂区交通再生重构安全

4.1　交通再生重构基础

旧工业厂区交通再生重构是旧工业厂区再生重构的重要组成部分，它是在厂区既有交通的基础上综合厂区的整体规划进行交通系统及厂区道路的再生重构。厂区交通重构不仅影响着厂区周围市政工程管线的敷设和其他基础设施的建设，而且关系到人们出行的方便程度以及整个厂区的运行效率。

4.1.1　交通再生重构基本概念

4.1.1.1　交通运输重构布置

厂区常用的运输方式有道路运输、铁路运输、水路运输和其他特种运输（如架空索道、各种机械运输及空气、水力管道运输等），其中道路运输最为常见，铁路运输次之，故本节以道路运输和铁路运输为例进行交通运输重构布置的阐述。

（1）道路运输

在进行厂区道路运输重构时，路网布置应与生产工艺、生产流程密切结合，使厂内外运输畅通且人行方便；合理地分散人流货流，保证主要人流、货流方向距离短捷，运输安全。道路布置应符合道路的主要技术标准要求，还应考虑管线、绿化、环保、消防、防震等方面的要求，并满足消防车、救护车的顺利行车。

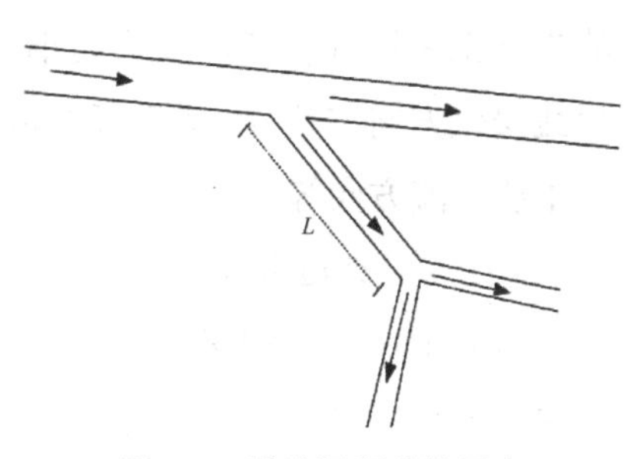

图4.1　道路逐级分流示意

厂内道路按其所处位置及使用条件，可分为主干道、次干道、人行道和消防车道等。交通布置形式确定以后，应结合工厂的规模、道路类型、对建筑处理方式等方面结合考虑，从而确定道路的宽度。一般线路长的单车道，设置不小于10m长的会让车道，如图4.1所示。

为了保证行车安全，在厂内道路交叉口处应设有足够的会车视距，且在视距范围内不应有建筑物、树木等遮挡物。如图4.2所示，厂内道路口视距一般不小于20m。

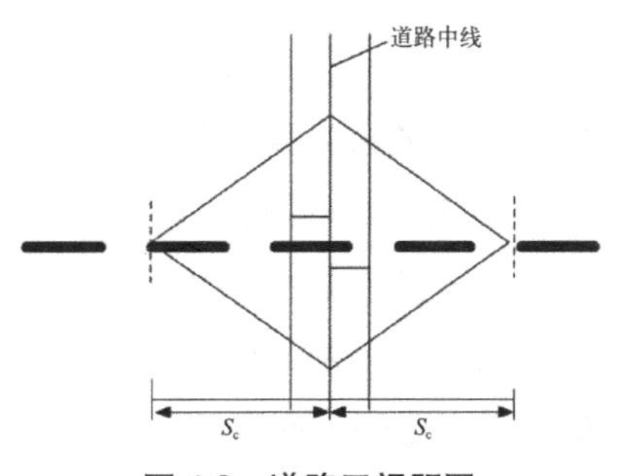

图4.2　道路口视距图

（2）铁路运输

厂内铁路运输的轨道布置形式主要包括尽端式（适用于中、小型厂区）、环状式、贯通式、混合式（适用于大型厂区）四种方式，如图 4.3 ～图 4.6 所示。

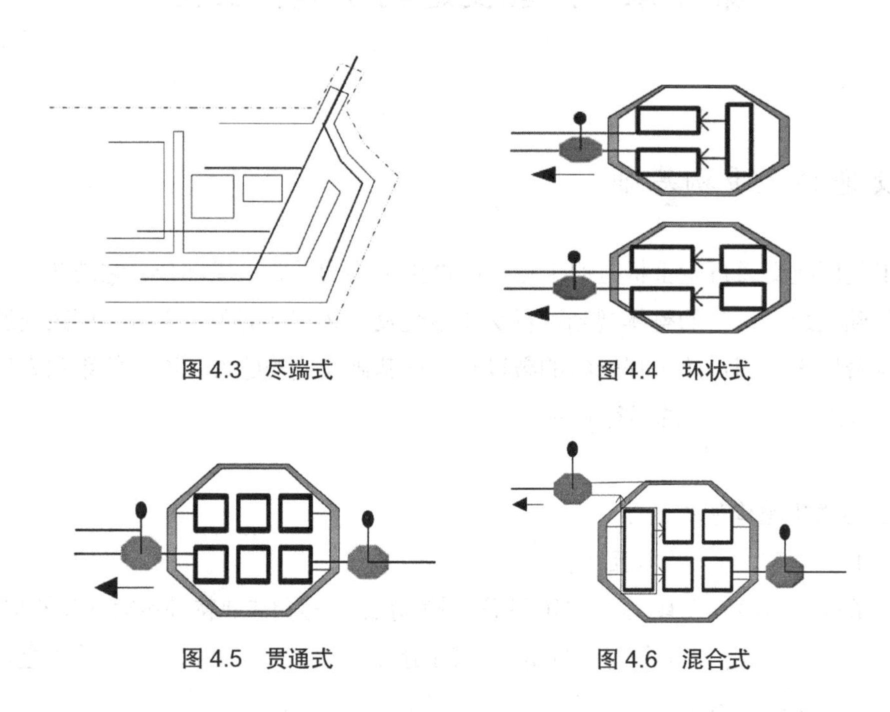

图 4.3　尽端式

图 4.4　环状式

图 4.5　贯通式

图 4.6　混合式

铁路运输再生重构的布置形式，主要根据三方面内容做出选择与调整：①总平面图的生产工艺过程、货运量的大小、需要引入铁路线的车间、仓库及其他设施的数量，专用线接轨方向与数量；②厂区的占地面积、总平面规划和地形条件；③综合其他运输方式和主要人流方向等。

4.1.1.2　交通需求分析

对旧工业厂区的交通进行重构，首先需要对厂区进行交通需求分析，其分析结论是交通影响程度评价指标计算和交通改善、交通再生重构的基础。在进行厂区交通影响评价工作时，首先应对厂区既有的交通现状进行分析，并对各评价年限、时段建设项目新生成的交通和背景交通进行预测，最后进行叠加后的厂区交通再分配。

4.1.2　交通再生重构需求量预测

4.1.2.1　基本概念

厂区交通需求量预测是利用资料调查与分析的成果建立各种预测模型，并运用这些模型预测厂区未来交通需求状况。交通需求量预测的目的是为交通系统的重构规划提供依据，主要研究交通源流的产生、交通出行在地理空间上的流向流量、交通流在交通网络上的分布形态。厂区交通需求量预测一般包括客运交通预测和货运交通预测。

厂区交通需求量的预测、交通发展政策的制定、交通网络设计以及方案评价都有密切关系。基于现状交通特性参数及厂区经济发展的预测，一般采用“四阶段法”交通量需求预测理论体系，并考虑交通诱增、交通转移以及道路收费对道路交通量的影响，其总体思路流程如图 4.7 所示。

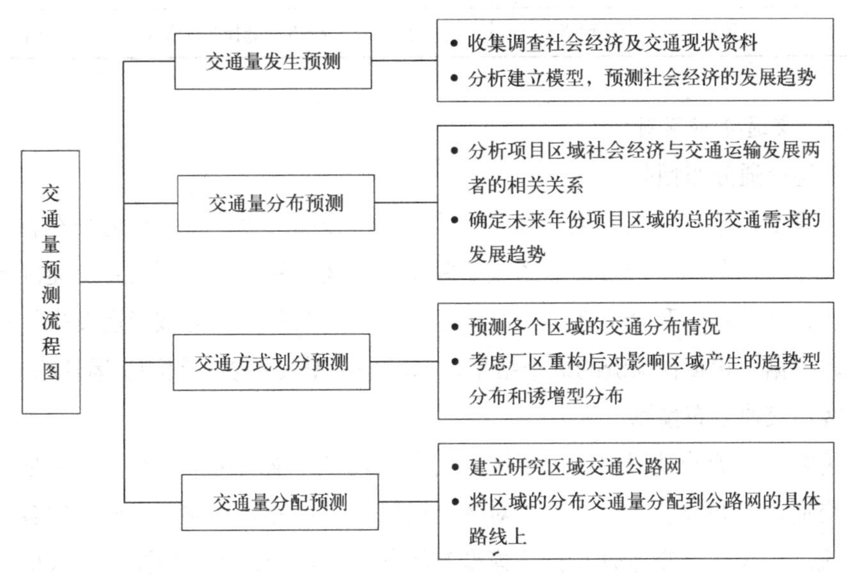

图 4.7　交通量预测流程

4.1.2.2　交通方式需求量预测

(1) 货运交通需求量预测

货运交通是厂区交通系统的组成部分之一，根据厂区及其内部的属性的情况不同对货运交通有不同的要求。工业化生产是厂区的主要功能，为工业化生产服务的货物运输是道路交通中的主体。根据交通量预测的流程，货运交通需求量预测“四阶段模型”见表 4.1。

货运交通需求量预测“四阶段模型”　　表 4.1

交通方式	内容	
货运交通	Ⅰ阶段 交通生成预测	各交通区发生，吸引交通需求量
	Ⅱ阶段 交通分布预测	交通需求量的来源及去向
	Ⅲ阶段 方式划分预测	交通需求量中大型、中型、小型货车比例
	Ⅳ阶段 交通分配预测	交通需求量发生时选择的道路（考虑有无交通限制）

(2) 客运交通需求量预测

根据交通量预测的流程，客运交通需求量预测“四阶段模型”见表 4.2。

客运交通需求量预测“四阶段模型” 表 4.2

交通方式		内容
客运交通	Ⅰ阶段 交通生成预测	各交通区发生，吸引交通需求量
	Ⅱ阶段 交通分布预测	客运交通需求量的来源及去向
	Ⅲ阶段 方式划分预测	交通需求量中公交、自行车、其他车辆的比例
	Ⅳ阶段 交通分配预测	交通需求量发生时选择的道路（考虑有无交通限制）

4.1.2.3 交通分布预测

（1）货运交通分布预测

货运主要是由于厂区内各生产部门之间存在协作而产生，货运交通分布相对而言受距离约束较小，而与固定的货运需求紧密联系。厂区对外货运主要为各交通区域之间生产原材料、设备的运入和企业各类产品的运输，因此在各交通区域货运发生量和吸引量的基础上，根据现状货物源流的调查结果，可以采用增长系数法预测货运量的分布。

（2）客运交通分布预测

在厂区客运预测的过程中，由于客运交通源较多，难以对每个交通源单独研究，所以将厂区交通源合并成若干交通区，对各交通区域进行分布预测，进而确定各交通区之间的交通流。厂区客运交通分布预测模型有增长系数模型、重力模型、介入机会模型和极大熵模型等。客运交通需求预测需要考虑厂区的规模、形态、土地资源，居民的流动强度、出行特征、出行的时耗与距离以及居民的出行方式的选择。

4.1.3 交通再生重构评价方法

4.1.3.1 基本原则

（1）服务性原则。厂区交通重构规划应服务于厂区上位规划，服务于厂区再生重构发展的需要。

（2）综合性原则。以构建现代厂区综合交通为目的，对道路系统和交通系统进行综合性、一体化规划。

（3）交通与用地相协调原则。道路交通重构应与厂区用地方式相协调，重视并解决道路交通对用地的冲击，以及用地方式对道路交通的不良影响。

（4）交通需求管理原则。在加大厂区交通供给能力建设的同时，重视通过交通需求管理来破解厂区交通难题。

（5）交通公平原则。重视关系民生的道路交通建设项目，加强交通基础设施的规划和建设力度。

（6）交通均衡原则。注重用地强度在厂区范围内的均衡性，以及道路交通负荷在厂区范围内的均衡性。使项目的开发建设能够符合国家关于节约集约使用土地的要求，并

与城市整体交通系统良好配合。

4.1.3.2　评价方法

（1）层次分析法

交通评价体系属于多种综合性评价，而其中指标体系结构整体分为 3 个层面：①目标层，可以用来评价事物的预期情况；②准则层，用来达到预期中所考虑的元素；③方案层，主要用来列举在实施中出现问题时提出的相关措施与解决的方案等，为实现初期目标而提供的方法。交通评价体系的详细层面如图 4.8 所示。

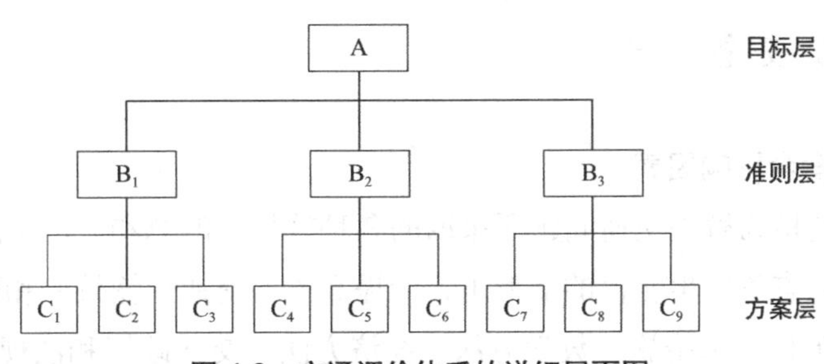

图 4.8　交通评价体系的详细层面图

（2）四阶段法

在旧工业厂区交通系统分析过程中，各编制单位对于具体采取的预测方法虽不尽相同，但流程大致相同。首先对于背景交通量进行预测，在此基础上采取交通规划模型的“四阶段法”进行交通量的预测，最后将以上两者结合，以饱和度、主要道路上项目交通量占背景交通量的比例等主要指标进行交通服务水平的敏感性分析。具体过程如图 4.9 所示。

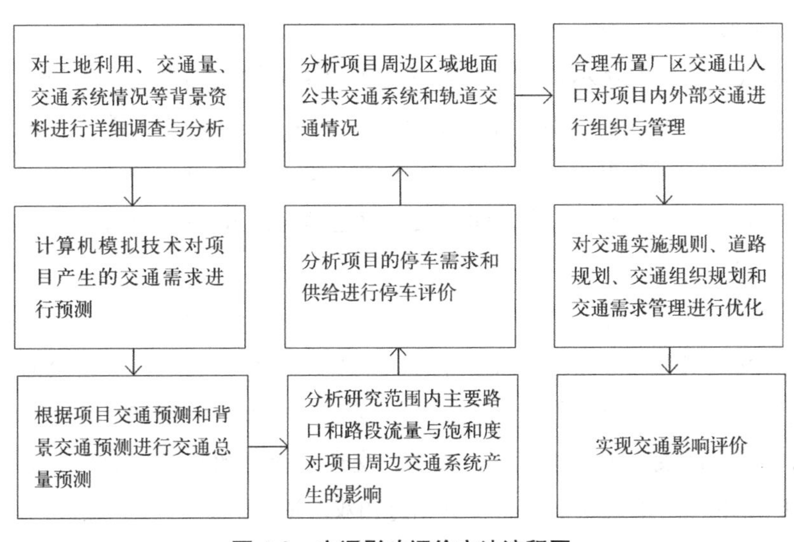

图 4.9　交通影响评价方法流程图

（3）加权平均法

加权平均法对各评价指标进行综合评价，通过加权得到综合指标。加权平均法模型的特点是简单明了、计算方便，但需借助德尔菲法、熵权法等确定各指标的权重。

（4）模糊综合评价法

模糊综合评价是一种基于模糊数学的综合评价方法。该综合评价法根据模糊数学的隶属度理论把定性评价转化为定量评价，即用模糊数学对受到多种因素制约的事物或对象做出一个总体的评价。

4.2 交通组织安全设计

4.2.1 交通组织安全影响因素

交通组织，是指为解决交通问题所采取的各种软措施的总和。广义的交通组织是在道路的主体结构状态不发生变化的情形下，为提高道路交通运输效率和确保道路交通安全所采取的各种工程技术措施、数学方法、经济方法、交通政策和法规；狭义的交通组织主要是现有道路资源的合理利用。交通组织安全设计的影响因素包括人的因素、车的因素、道路与环境因素三方面。

4.2.1.1 人的因素

90%以上交通事故的发生或多或少有人的因素的影响，因此人是事故分析的主要对象。不同性别、年龄、体质的驾驶员，其生理、心理、感知、分析、判断和反应均不完全相同。而感知迟钝、判断不准、操作失误在事故影响因素中占绝大多数，其中感知错误所占的比重最大，这多半是由于驾驶员身体、生理、精神和情绪等状态以及年龄、经验等内在原因所致。

4.2.1.2 车的因素

大量的事故统计资料显示，由于车辆的各种故障而造成的交通事故虽不常见，但从预防考虑仍是一个重要因素。不同性质或行业的车辆、不同动力性能的车辆造成的交通事故亦不同，由不同行业车辆的交通事故数据可知，由于企事业单位车辆零星分散、管理不善导致社会车辆的交通事故多，而一般专业运输车辆事故率较低。

4.2.1.3 道路与环境的因素

（1）道路的种类与规格

交通事故发生状况因道路的种类、规格而变化。从相关道路种类、交通量及事故件数关系的统计结果可知，事故件数随着日平均交通量的增加而增加，相对于一般道路而言郊区道路上的事故发生增长率较高。此外，交通事故件数与车道数也有关系，一般而言三车道级以上的道路事故发生率高于单车道和双车道。

（2）道路线形对交通事故的影响

道路几何线性要素构成是否合理、线形组合是否协调等，对交通事故有较大的影响，见表 4.3。

道路线形对交通事故的影响　　　　表 4.3

道路线形	对交通的影响分析
曲线半径	有 10% ~ 12% 的道路交通事故发生在平曲线上，并且在半径越小的曲线路段上，发生的交通事故越多，即曲率越大，事故率越大，曲率在 10 以上事故率激增
曲线的频率	曲线出现频率对道路交通事故的影响，只有在半径小于 600m 时才显示出来。在路上较频繁地设置曲线会相应地减少道路交通事故；对于大半径弯道，曲线设置频率的相对影响很小
转角	在平曲线路段上，转角对事故数量的影响要比曲线半径的影响大，当平曲线的转角不超过 200° 时道路就不会超过“清晰视距矩形”的范围
陡坡	随坡度加大，竖曲线半径变小，事故率增加
线形组合	交通安全的可靠性与线形组合是否协调相关

4.2.2　交通组织安全路网设计

旧工业厂区原有的外部环境，譬如道路交通、设施场地的布局都是以工业生产组织为中心，对于人的活动考虑较少，其外部空间单调、杂乱而缺乏特色，无法适应新的交通需求，难以满足路网安全的需要。因此，厂区再生重构过程中，必须对厂区外部环境进行重新整合，构建以人为中心、促进交流、保证交通组织安全的综合路网空间。

4.2.2.1　厂区路网重构

我国旧工业厂区多是在计划经济制度下形成的，原有道路系统基于生产需求而设定，道路规划具有局限性，导致原有的道路系统以及其封闭型的道路结构难以适应现今厂区重构与创意产业的发展需求。一方面，旧工业厂区整体道路系统粗糙，缺乏有序的道路规划；另一方面，厂区相对封闭式的管理状态，致使内部道路被厂区界线阻隔，尽端路和断头路现象十分明显。因此，制定针对性的优化方案是解决问题的关键。基于案例的分析，总结出旧工业厂区路网重构优化策略，见表 4.4。

路网重构规划策略　　　　表 4.4

类别	规划策略
厂区与城市道路连接	破除厂区界线的阻碍，将厂区内部道路与外界道路统一规划，延续城市肌理，使各方资源均有相互渗透的可能，弱化厂区孤岛效应
打通厂区断头路	延续、保留厂区原有道路组织，整修残破路面，打通用地内的断头路，适当整理便可满足交通需求
路网细分	适应厂区重构需要贯通部分内部道路，构建合理的路网密度，营造小尺度街区空间环境
厂区道路分级	明确不同级别道路的功能，避免开发过程中产生新的割裂，满足厂区重构使用人群实际出行需求

地处于大城市或近郊区且以开发为主导的旧工业厂区通常会把道路等级分为主干道、次干道以及支路进行建设，如图 4.10 所示。通过分析原有厂区的布局肌理，保留原有厂区的主要干道，并结合保留下来的工业遗存规划了新的视觉廊道和步行通道，如图 4.11 所示。对道路进行细分并分级处理，可以产生许多小尺度空间，并对道路等级划分，有利于道路的高效利用。

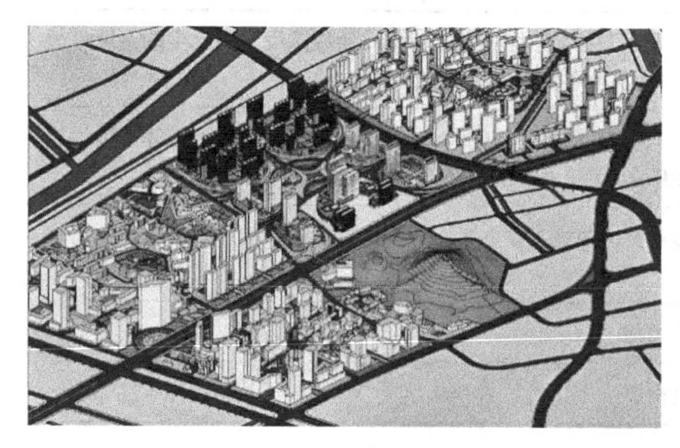

图 4.10 道路分级

图 4.11 步行交通空间网络系统

4.2.2.2 衔接城市公共交通

道路与交通是联系厂区与城市的纽带，旧工业厂区与城市公共交通的衔接，使两者的物质资源能够高效便捷的流通，为厂区重构提供内部动力。交通组织过程中，要考虑依托城市发展规划厂区交通，与城市公共交通衔接，提高厂区的可达性。具体衔接方法见表 4.5。

厂区与城市公共交通衔接方法 表 4.5

类别	具体做法
调整厂区出入口的数量和位置	规模较小的厂区，一般设置 1 ～ 2 个人车混行的出入口，且设置在车流和人流较为密集的城市主干道或次干道上
	规模较大的厂区，厂区由城市道路围合成的多个相邻地块组成，厂区内每个地块都应设出入口
增加厂区附近的公共交通设施	通过与市政交通的协调，增加厂区附近的公共交通设施，提高厂区的可达性。厂区与城市多样的公共交通有机融合，规划设计有贯穿全区的公交环线，衔接地铁站点、公交枢纽、自行车道、步行道以及城市轻轨等

4.2.2.3 构筑慢行系统

旧工业厂区内部交通系统通常是人车混行，未采取人车分流的措施，缺乏适宜休闲的步行道和非机动车道，难以满足休闲出行的交通需求，因此构筑厂区内的慢行系统显得十分必要。厂区的慢行系统空间构筑，应建立以步行为导向的交通体系，通过人车分流的道路组织方式，避免车行交通对整个厂区功能空间的干扰，如图 4.12 所示。强化步行交通的联系，形成步行交通空间网络系统把各个功能空间连接起来，对于一些规模较大的创意产业园还可引入自行车交通体系，避免机动车联系各个功能空间片区时影响厂区步行系统和空间氛围，如图 4.13 所示。

图 4.12　人车分行的道路组织方式

图 4.13　非机动车交通空间网络系统

4.2.3　交通组织安全管理内涵

4.2.3.1　基本概念

交通组织安全管理是根据有关交通法规和政策措施，采用交通工程科学与技术，对交通系统中的人、车、路和环境进行管理，特别是对交通流合理地引导、限制、组织和指挥，以保障交通组织安全有序、畅通舒适。旧工业厂区交通组织安全控制是运用各种控制设备，如人工、交通信号、电子计算机、可变标志等，安全合理地指挥和疏通厂区交通，确保厂区交通的安全与便捷。

从宏观上讲，旧工业厂区交通组织安全管理与交通控制是一个有机体，综合运用交通工程规划、法规限制、行政管理等措施，对道路上运行的交通流实施疏导、指挥和控制等工作。厂区道路交通组织的目的在于充分发挥旧工业厂区现有路网的效能，合理地协调厂区局部交通和整体交通之间的关系，提供适宜的运行条件，解决整个厂区道路系统中交通流分布不均衡、流量与流向不合理等问题，最大限度地消除交通事故的隐患，改善厂区交通秩序，实现道路的安全与畅通。

4.2.3.2　基本原则

(1) 分离原则

为避免车辆、行人以及不同方向的行车发生冲突，很自然地产生了人、车分道和分方向行车的管理原则，这就是分离原则。它是维护交通秩序、保障交通安全的基本原则。

(2) 限速原则

非机动车与行人发生安全事故的概率较高，一般用最高限速与最低限速规定车辆在道路中的行车速度。相应于这条原则，各国交通法规中都有按道路条件及恶劣气候条件下限制最高车速的规定。尤其在事故多发地段，采取限制车速的措施可有效避免事故的发生。

（3）疏导原则

车辆的增多，使得道路交通越发拥堵，普遍的疏导措施难以解决目前存在的问题。因此，交通组织管理从局部管理扩展到着眼于整个道路系统，对整个道路系统进行交通疏导，以充分发挥原有道路的通车效率。

（4）均衡原则

交通流是一种网络流，均衡原则是指均衡路网上的交通流，在空间上均衡交通流的分布，在时间上均衡交通网络的利用。在一定时间段内，厂区某区域的交通状况很少呈现全面拥堵，往往会出现部分路段或交叉口拥堵但其他路口较为畅通的情况。诱导交通流流向比较畅通的路段，从而疏通拥堵路段，达到区域交通流均衡，城市交通总体畅通的目的。

（5）可持续发展原则

随着我国大力推进生态文明建设，以及"绿水青山就是金山银山"发展理念的提出，人们认识到汽车交通是一种不可持续发展的交通方式，危害生态环境，消耗土地资源。于是，在交通建设与管理上提出建立"以人为本"的交通管理观念，提高交通管理的效率与质量，以减少道路汽车交通的出行量，降低汽车交通对生态环境的危害以及对自然资源的损耗。

4.3 道路空间安全设计

4.3.1 交叉路口安全规划

厂区道路平面交叉口的通行能力应适应进入道路的交通流向与流量。交通服务水平与服务质量不但取决于厂区道路工程设计和交通工程设计，同时也与交通管理技术密切相关。

4.3.1.1 交叉路口规划设计

（1）道路交叉口间距

旧工业厂区内的各级道路平面交叉口应保持合理的距离，厂区道路网密度决定着道路交叉口之间的距离，合理的交叉口距离也引导着各级道路系统按科学合理的密度进行规划。

（2）相交路段

车辆进入交叉口后，可能通过直行、左转、右转三种流向到达目标方位。从交叉口各路段流出的车辆在交叉口中分、合、织、交，依次形成分流点、合流点、交织点、交叉点，对平稳的交通流产生不同程度的干扰和影响。尤其在交叉点处，对车辆行驶与交通安全影响较大。

（3）交叉口视距三角形

视距三角形是指平面交叉路口处，由一条道路进入路口行驶方向的最外侧的车道中线与相交道路最内侧的车道中线的交点为顶点，两条车道中线各按其规定车速停车视距的长度为两边，所组成的三角形。在视距三角形内不允许有阻碍司机视线的物体和道路设施存在，双向交通交叉口视距三角形，如图 4.14 所示；单向交通交叉口视距三角形，如图 4.15 所示。

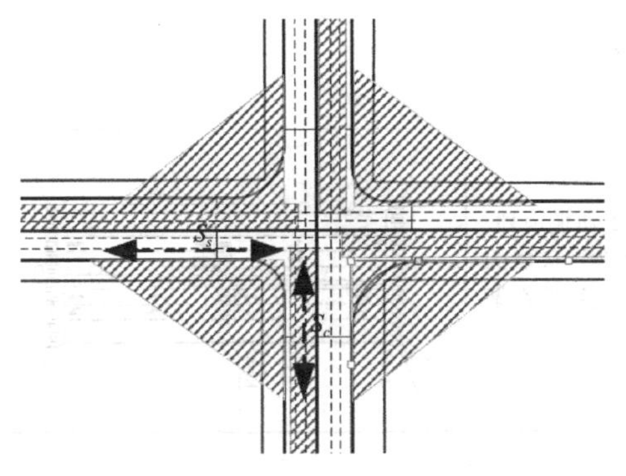
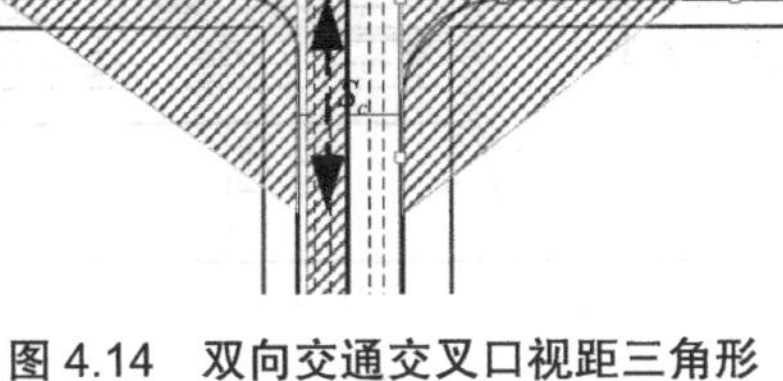

图 4.14　双向交通交叉口视距三角形

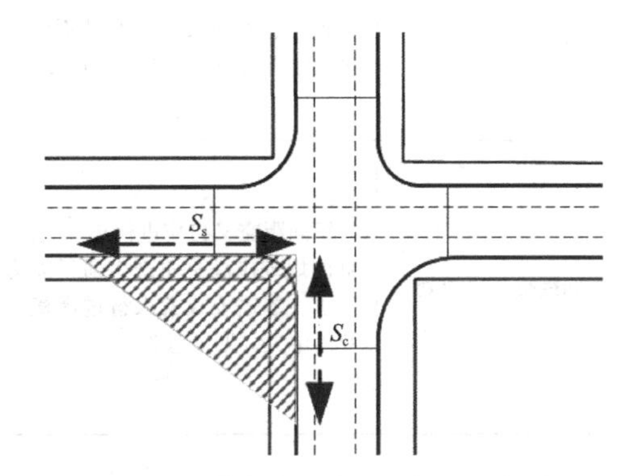

图 4.15　单向交通交叉口视距三角形

（4）进出口路段加宽

灯控平面交叉口普遍需要考虑邻近道口规划用地的进出口路段加宽问题。引起这个问题的原因有两个：一方面是国内对于灯控平面交叉口进行管理时，往往制定了右转车以减速或停车让行非机动车与行人的规定，这样就应该在交叉口进口道增设一条右转专用道；另一方面是为了提高灯控平面交叉口的通行能力，增加进口道停车候驶的车道数量是提高灯控平面交叉口通行能力行之有效的措施。

4.3.1.2　交叉路口安全设计

旧工业厂区道路平面交叉口的形式是按照平面图样式划分的，如表 4.6 所示，它与交叉口用地规模与范围密切相关，同时又决定了交叉口的管理方式。

旧工业厂区道路平面交叉口类型及应用　　表 4.6

类型	实际应用	图示
信号控制交叉口	应对信号控制交叉口的全部组成部分进行一体化规划，进口道规划展宽长度 L_a（见示意图），干路展宽渐变段最短长度不应小于 20m，支路不应小于 15m	
无信号控制交叉口	在支路只准右转通行交叉口的进口道与出口道之间，可规划布设三角形导流交通岛，如示意图，或在主干路上规划布置穿过交叉口的连续中央分隔带	

续表

类型	实际应用	图示
环形交叉口	新建道路交叉口交通量不大，且作为过渡形式或圈定道路交叉用地时，可设环形交叉	—
短间距交叉口规划	短间距交叉口应进行相邻交叉口间的协调规划，协调规划应满足不产生通行能力“瓶颈”区域的要求。当需要设置人行过街横道时，应设置在渐变段中央，见示意图	

4.3.2 停车场安全设计

4.3.2.1 停车场规划

旧工业厂区停车场规划应包括路外停车场、停车库和路边停车用地的布置，由于地理位置与厂区性质的差异，停车需求预测及停车设施容量预估也不相同。某停车场规划示意图，如图 4.16 所示。

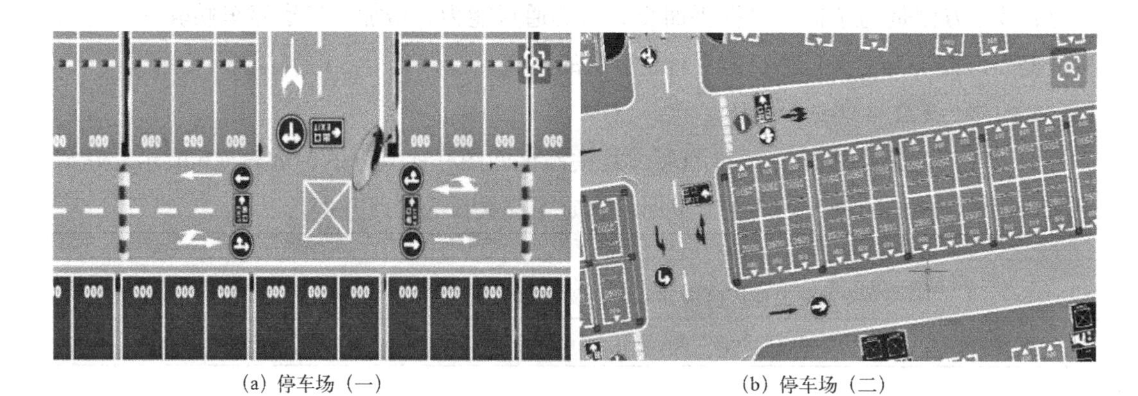

(a) 停车场（一）　　(b) 停车场（二）

图 4.16　停车场规划示意图

旧工业厂区停车场的设置应符合城市总体规划，规划应考虑期停车数和道路交通组织的要求，大中小型停车场相匹配，地上停车场、停车楼、地下停车库相结合。车场的设置不应靠近干道交叉口，以确保停车便捷和行车安全。为了便于组织车辆右行，可以在停车场周边开辟辅路，由停车场进出的车辆可以通过辅路绕过交叉口或右行至交叉口，以减少交叉冲突。面积较大的厂区停车场宜分散布置，并结合城市公共交通场站的规划布设不同交通方式之间的换乘停车场，如图 4.17 所示。

(a) 办公楼周边停车场

(b) 车间周边停车场

图 4.17　停车场布置图

4.3.2.2　停车场设计

停车场设计一般选用停车使用比重最大的车型作为设计标准。根据公安部及原建设部颁布的《停车场规划设计规则》，将设计车型定为小型汽车，以此作为换算的标准。

(1) 平行式停车。这种方式占用的停车带较窄，车辆驶出方便、迅速，但单位长度内停放的车辆最少，如图 4.18 所示。

(2) 垂直式停车。车辆垂直于通道方向停放，这种方式的特点是单位长度内停放的车辆数较多，用地比较紧凑，如图 4.19 所示。

(3) 斜列式停车。车辆一般与通道成 30°、45°、60° 三种角度停放，车辆进出停放方便，如图 4.20 所示。

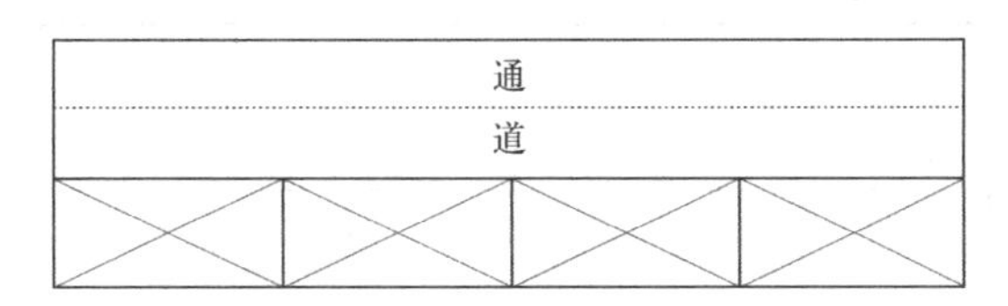

图 4.18　平行式停车示意图

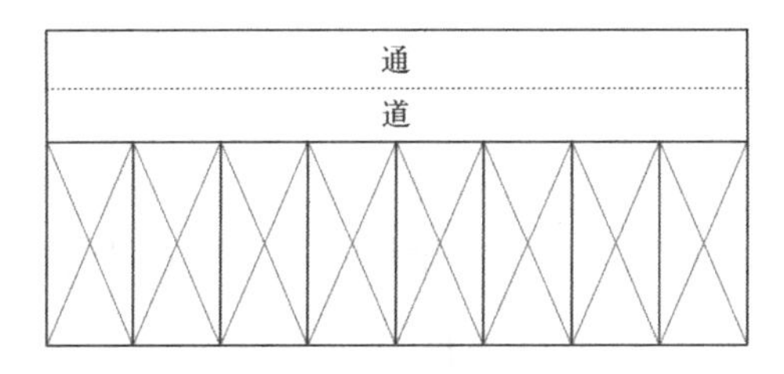

图 4.19　垂直式停车示意图

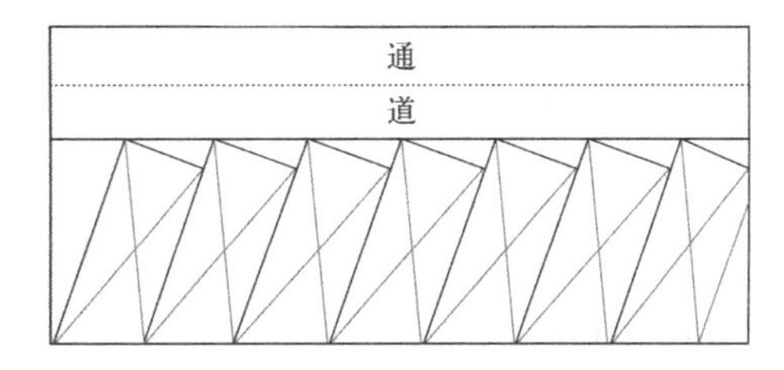

图 4.20　斜列式停车示意图

单位停车面积是指一辆设计车型所占用地面积，应包括停车车位面积和均摊的通道面积，以及其他辅助设施面积之和。单位停车面积应根据车型、停车方式以及车辆停放所需的纵向与横向跨距要求确定。我国规定的机动车单位停车面积等有关设计参数见表 4.7。

停车场（库）设计车型外廓尺寸和换算系数 **表 4.7**

车辆类型		各类车型外廓尺寸（m）			车辆换算系数
		总长	总宽	总高	
机动车	微型汽车	3.20	1.60	1.80	0.70
	小型汽车	5.00	2.00	2.20	1.00
	中型汽车	8.70	2.50	4.00	2.00
	大型汽车	12.00	2.50	4.00	2.50
	铰接车	18.00	2.50	4.00	3.50
自行车			1.93	0.60	1.15

4.3.2.3 通道与出入口设计

(1) 通道

旧工业厂区通道是停车场平面设计的重要内容，其形式和有关参数应结合实际情况正确选用。我国目前设计采用的通道宽度垂直式取 10 ~ 12m，平行式取 4.5m 左右。作为内部主要通道，车辆双向行驶，最小宽度不宜小于 6m。常见的通道形式有直坡道式、螺旋式、错位式、曲线匝道等。我国公安部及原建设部拟定的停车场（库）最大纵坡和最小转弯半径见表 4.8。

停车场（库）纵坡与转弯半径 **表 4.8**

车型	直线纵坡（%）	曲线纵坡（%）	最小转弯半径（m）
铰接车	8	6	13.0
大型车	10	8	13.0
中型车	12	10	10.5
小型车	15	12	7.0
微型车	15	12	7.0

(2) 出入口

①旧工业厂区停车场（库）出入口设置，应按照国家标准执行，厂区停车车位数大于 50 辆时，应设置 2 个出入口；大于 500 辆时，应设置 3 ~ 4 个出入口，出入口间净距离必须大于 10m。

②旧工业厂区的车辆双向行驶出入口宽度不得小于 7m，单向行驶出入口宽度不得小于 5m，满足厂区生产运输的需求，且有良好的条件同时，停车库的出入口还应退后道路红线 10m 以外，出入口视距如图 4.21 所示。

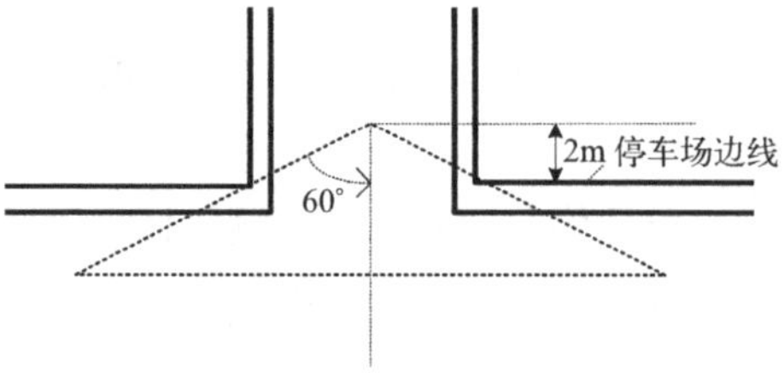

图 4.21 出入口视距示意图

4.3.3　道路空间安全信号设计

旧工业厂区内，由于路口使用性质不同、多方向的车流人流交叉汇合，易造成秩序混乱，引发交通事故。为了维护正常秩序，保障行人、行车安全，应采取恰当的空间安全信号管理措施。道路空间安全信号设计示意图，如图 4.22 ～图 4.25 所示。

图 4.22　道路空间安全信号设计示意图

图 4.23　空间安全信号 - 设置标志信号引导

图 4.24　空间安全信号 - 画线引导（a）

图 4.25　空间安全信号 - 画线引导（b）

旧工业厂区的交通信号是指道路上用以传达指挥停止与通行的画线、指示牌、手势、灯光的信号等。常用交通控制方式应根据交叉路口的交通安全特性分析，以减少冲突点为目的，根据不同道路性质、等级与交通情况采取相应措施。常用平面交叉口交通控制方式见表 4.9。

常用平面交叉口交通控制方式　　表 4.9

控制方式	内容简介
交通信号灯控制	交通信号灯控制的基本类型分为点控、线控和面控三种。其中点控只考虑一个交叉口，不考虑邻近交叉口的交通流情况；线控是对一条主干道相邻交叉路口的信号实行协调自动控制；面控是指某区域的所有交叉口的交通信号
停车控制	停车控制是车流进入或通过交叉路口时，必须先停车，观察到达路口的情况，而后进入或通过路口的一种控制方式，一般分为多路停车法和两路停车法
让路控制	让路控制是在次要路口或是车辆较少的引导入口处设让路标志，使驾驶人放慢车速
不设管制	不设管制是在交通量不大的交叉口一般均不设信号灯或标志线，驾驶人根据有关让行规定和安全原则通过交叉口的一种方式

4.3.4　道路绿化安全设计

旧工业厂区绿化和景观的重构设计应符合交通安全、环境保护、城市美化等要求，并应与沿线城市风貌协调一致。绿化和景观设计应处理好与道路照明、交通设施、地上杆线、地下管线的关系。

4.3.4.1 绿化安全设计

道路绿化设计应根据厂区具体情况，采用能适应厂区环境的地方性树种，合理选择种植位置、种植形式、种植规模。厂区绿化布置应符合生产生活的需求，将乔木、灌木与花卉相结合，层次鲜明，如图 4.26、图 4.27 所示。

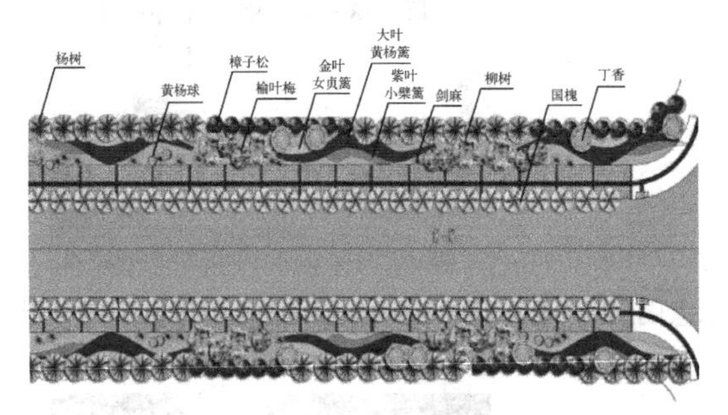

图 4.26 道路绿化设计示意图

图 4.27 道路绿化设计实例

设置雨水调蓄设施的道路绿化用地，应根据水分条件、径流雨水水质等选择植物种类，宜选择耐淹、耐污等能力较强的植物。绿化安全设计示意图，如图 4.28、图 4.29 所示。

图 4.28 交叉口绿化安全设计示意图

图 4.29 道路绿化安全设计示意图

旧工业厂区应设置交通导流设施，广场绿化应采用可封闭式种植，休憩绿地可采用开敞式种植，并根据广场性质、规模及功能进行设计。结合厂区的发展历程，选择具有厂区特色的建筑小品，保留厂区历史印记，合理规划凳椅、水池和林荫小路等。厂区停车场绿化应有利于汽车集散、人车分隔、保证安全，不能影响夜间照明。

4.3.4.2 景观安全设计

旧工业厂区景观设计，应在道路红线范围内对道路风貌与环境密切相关的景观设施进行合理布置安排。

不同类型的道路景观设计风格也不尽相同，主干道景观设施尺度宜简洁明快，绿化配置强调统一，道路范围视线开阔，以行车者视觉感受为主。次干路及辅路应反映厂区特色，景观设施简化，尺度适中，道路视线范围良好，兼顾行驶者的视觉感受且可适当布置具有特点的景观小品，如图 4.30、图 4.31 所示。

图 4.30　道路景观鸟瞰

图 4.31　道路景观小品

4.4　既有道路安全控制

4.4.1　既有道路交通现状调查

4.4.1.1　交通量调查

旧工业厂区交通调查主要针对厂区内部交通流。围绕交通流与厂区道路交通相关的设备设施，包括公路网、交通控制设施、道路条件；居民特性，包括出行者特性、驾驶员特性；运行参数，包括流量、速度、密度以及交通事故、停车、行人、货物流向等，都是交通量调查的对象。

(1) 交通量调查工作流程

交通量调查工作流程主要涵盖五个步骤，如表 4.10 所示。

交通量调查工作流程　　表 4.10

步骤	名称	工作内容
步骤一	明确调查目的	根据调查任务，明确调查目的，确定提交成果的内容和方式
步骤二	制定调查方案	制定合理的调查实施方案，科学合理地安排观测点位置、观测时间、调查人员排班和分工，准备记录表格和观测设备
步骤三	培训调查人员	向调查人员讲解调查目的、内容和实施方案，使之明确各自分工，调查的起始和终止时间，调查的方式方法、设备使用、数据如何记录等
步骤四	组织实施交通量调查	按照预定的调查方案组织实施交通量的调查，安排人员进行巡视，实时掌握调查现场的实际情况，及时解决突发问题
步骤五	汇总、处理和分析数据	数据的汇总、处理和分析主要是将现场记录的表格录入计算机中，运用 Excel 和其他统计软件做进一步整理分析

(2) 交通量调查方法

①人工计数法

人工计数法是应用最广泛的交通量调查方法。调查员在预定的观测点调查，使用的工具主要有计时器、计数器、记录板等。适用于在任何时间、任何地点进行调查，机动灵活，容易掌握，调查精度较高。

②浮动车法

浮动车法是由英国道路研究室的 Wardrop 和 Charlesworth 在 1954 年提出的，可同时获取某段时间的路段交通量、行程时间和平均速度，是较好的综合交通调查法。

③自动计数法

自动计数法是运用交通流检测器获取交通量数据。适用于长时间连续观测，可节省大量人力、物力，且精度较高。

④录像法

常利用录像机、摄像机、电影摄像机或照相机作为高级的便携式记录设备，可以通过一定时间的连续图像给出固定时间间隔或实际上连续的交通流详细资料。

4.4.1.2　交通速度调查

(1) 牌照法

牌照法是交通速度调查的常用方法。在旧工业厂区调查路段的起点和终点设置观测断面，一组观测员记录通过起点的车辆牌照、车型和到达时间，另一组观测员记录通过终点的车辆牌照、车型和离开时刻。观测结束后找出起点和终点之间相同的照片，计算其通过起终点断面的时间差，得到行程时间；通过地图量取或实测得到距离，计算行程速度。

(2) 跟车法

跟车法是利用测试旧工业厂区内车辆在观测路段往返行驶，同时记录下所用的时间，用路段长度除以该时间就得到行程速度。

(3) 五轮仪法

五轮仪法是测量车速的专用仪器，与速度分析仪同时使用。当测试车行驶时，五轮仪的轮子与地面接触转动。轮轴上设有光电装置，其作用是将车轮转动车速转换成电信号输入速度分析仪，此时记录仪能自动记下行驶距离、行驶时间、行程车速。

(4) 光感测速法

光感测速仪是一种测量车速的专用仪器。测速时将光感应测速仪贴在试验车车厢外壳上，光电探测器对准地面，随着车辆行驶，在广电屏幕上产生不同频率的电信号，频率的高低与车速成正比。

(5) 浮动车测速法

浮动车观测法实际上是在整个行驶时间内的一种抽样率小于 50% 的抽样测定法。这种方法所统计的流量和车速没有车牌照法测量精确，仅适用于用较少的人力在较长的路段上同时观测行程车速和流量，其特点是内业工作量小，一般用于路线上无交叉口、道路两侧很少有车辆汇入、车流均匀稳定的情况。

4.4.1.3　交通密度调查

（1）出入流量法

出入流量法是一种测定厂区内出入路段上两断面之间的现有车辆数进而计算该路段交通密度的方法。AB 区间内，在某一个时刻，上游 A 点处的交通量是同一时刻 AB 区间内新增加的车辆数；反之这时在下游地点 B 处的交通量等于从 AB 区间内减少的车辆数。AB 区间内的车辆数变化值应该等于入量减出量的差。

（2）摄影法

利用空中定时摄影方法求得旧工业厂区路段的车辆数，然后除以路段长度即可得到摄影时刻路段交通密度。若进行连续摄影，即可连续摄得各时刻交通密度。

4.4.2　既有道路交通风险

（1）道路风险识别

最易引发交通事故道路条件及原因，见表 4.11。

易引发交通事故道路条件及原因　　表 4.11

风险路段	原因
平面交叉路口	交通环境比较复杂，驾驶员争道抢行、闯红灯最易发生车辆相撞事故
急转弯路	驾驶员因道路不熟、车速过快把车驶下路面，造成翻车甚至亡人事故
窄路窄桥	驾驶员因争道抢行、车速过快、采取措施不当等原因，把车驶出路面或坠入桥下，造成翻车及伤亡事故
转弯超车	转弯超车时对驾驶员视线的影响较大，使得驾驶员对道路情况难以做出正确的判断，尤其是在夜间，超车还会遇到对面来车的灯光炫目，就更容易发生交通事故

其他造成道路交通发生危险的原因还包括：路口较多，车流混乱；行人和非机动车较多，但没有很好的分区；道路较窄，无隔离设施，不少路段未画中心线；环境单调等。

（2）驾驶员风险识别

驾驶员在连续行车后所产生的生理、心理功能以及驾驶操作效能下降的现象称为疲劳驾驶。疲劳驾驶是导致驾驶风险的重要因素之一，所谓疲劳驾驶事故是指机动车驾驶员长时间不休息导致劳累过度，开车时疲倦打盹所造成的人身伤亡和财物损失。

车速也会导致驾驶风险的增加，驾驶员的视野大小与车速有关，车速越快，视野就越小，如图 4.32 所示。

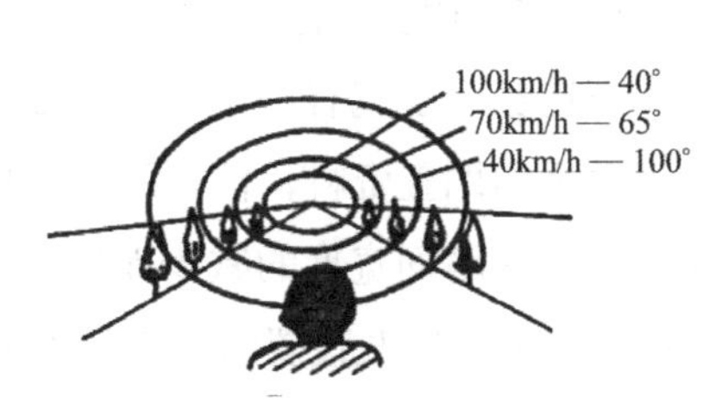

图 4.32　不同速度下视野范围

（3）车辆风险识别

车辆风险事故发生原因见表 4.12。

车辆风险事故原因分析 **表 4.12**

事故类型	事故原因
制动系统导致	制动泵活塞卡住、刹车油管爆裂和刹车油管磨损漏油使刹车油缸严重缺油等导致刹车失灵，造成撞车、追尾，甚至亡人事故
转向系统导致	方向机锁死卡住、横直拉杆球头磨损脱落、导向轮脱落等原因，导致方向失控，造成撞车、翻车，甚至亡人事故
润滑系统导致	润滑油短缺或变质，造成机械事故；润滑系统漏油造成润滑油短缺和环境污染
燃烧系统导致	燃烧系统调整不当或汽缸活塞严重磨损，使废气排量超标，造成空气污染

（4）环境风险识别

由于厂区路面表层大部分是沥青混凝土结构，在正常气候条件下，其汽车轮胎与路面间的摩擦系数在 0.6 ~ 0.7 之间，能保障汽车高速行驶的稳定性。由于下雨后路面与轮胎间的附着系数降为 0.4 左右，下雪后只有 0.2 左右，汽车在这种路面上行驶，不仅稳定性差，制动距离延长，而且会不断发生侧滑掉头现象，稍有不慎就会造成撞车、翻车等重大交通事故。而在雾天的情况下，会造成驾驶员视线模糊，视距缩短，这也是发生交通事故的主要原因。

4.4.3 既有道路安全控制因素

（1）道路线形对交通事故的影响

从道路线形对交通安全的影响来看，道路几何线形要素构成是否合理，线形组合是否协调至关重要。道路设计时，要充分考虑道路线形设置的合理性，尽量扩大半径以缩小曲率对交通事故的影响。在路上较频繁地设置曲线会相应地减少道路交通事故，对于大半径弯道，曲线设置频率的相对影响很小，然而，随着道路弯曲度增加，事故数量迅速下降；相反，在 1km 内曲线数增加，曲线半径减小不可避免地会导致事故严重性增高。

（2）车道宽度对交通事故的影响

车道宽度加宽有利于减少事故的发生。根据上海市郊双车道公路路面宽度与交通事故率关系的调查资料，得到路面宽度影响系数关系式，如表 4.13 所示。道路交通事故的相对值随着路面宽度的减少而增加，因此旧工业厂区的交通道路，可以通过扩建以拓宽道路的宽度，以及设置路缘带的方式，以此降低事故的发生率。

（3）路面状态与交通事故的影响

路面强度、稳定性、平整度以及路面缺陷、路面光滑度等都是引发交通事故发生的因素。在美国宾夕法尼亚的交通事故调查中发现，路面湿润、降雪、结冰时，事故率分

别为路面干燥时的 2 倍、5 倍和 8 倍；英国格拉斯哥市对路面粗糙化处理前后的事故率统计表明，粗糙化后的路面在使用中大大降低了事故发生率。

路面宽度对交通事故的影响　　　　**表 4.13**

B（路面宽度）(m)	K_4（影响系数）	表达图像
4.5 ~ 7	K_4=8.357−1.94B+0.127B^2	
7 ~ 15	K_4=2.787−0.333B+0.111B^2	

4.5　新建道路安全控制

4.5.1　新建路面安全控制肌理

4.5.1.1　路网安全规划控制

旧工业厂区交通网络结构决定了厂区的交通骨架和交通安全性，可以通过对交通网络结构形式的选择进行新建路面的安全控制。厂区交通网络的基本形式大致可以分为：方格网式、带状、放射状、环形放射状和自由式等。

（1）方格网式交通布置

方格网式交通网是一种常见的交通网络形式，如图 4.33 所示。其优点是各部分的可达性均等，秩序性和方向感较好，易于辨别且网络可靠性较高，有利于厂区用地的划分和建筑的布置。其缺点是网络空间形式简单、对角线方向交通的直线系数较小。

（2）带状交通网

带状交通网是由一条或几条主要的交通线路沿带状轴向延伸，并且与一些相垂直的次级交通线路组成类似方格状的交通网，如图 4.34 所示。这种交通网络形式可使厂区的土地利用布局沿着交通轴线方向延伸，更接近自然，对地形、水系等条件适应性较好。

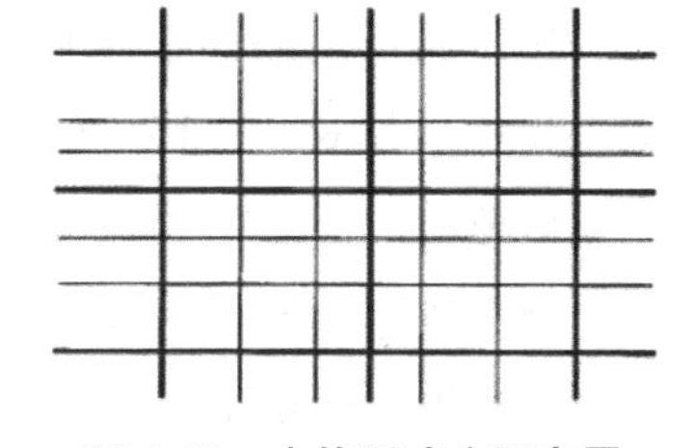

图 4.33　方格网式交通布置

（3）放射状

放射状交通网络在厂区中常被用于广场与周边慢行道的连接，如图 4.35 所示。其特点是突出重要区位，具有较强的可达性。

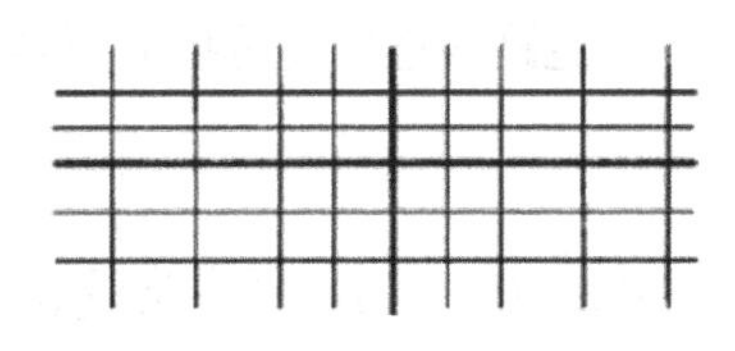

图 4.34　带状交通布置

（4）环形放射状

厂区环形骨架交通网络由环形和放射交通线路组合而成，如图 4.36 所示。以放射状交通线路承担内外出行；环形交通网承担区与区之间或过境出行，减少出行穿越主中心。

（5）自由式交通布置

自由式交通布置，如图 4.37 所示，该形式的路网结构多为因地形、水系或其他条件限制而使道路自由布置，因此其优点是较好地满足地形、水系及其他限制条件。缺点是无秩序、区别性差，同时道路交叉口易形成畸形交叉。该种形式的路网适合于地形条件较复杂及其他限制条件较苛刻的厂区。

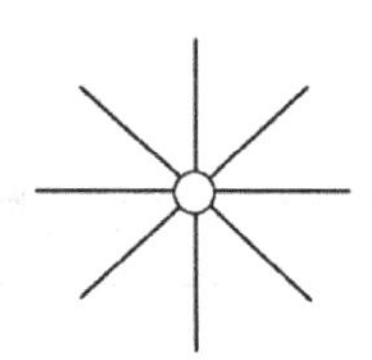

图 4.35 放射状交通布置

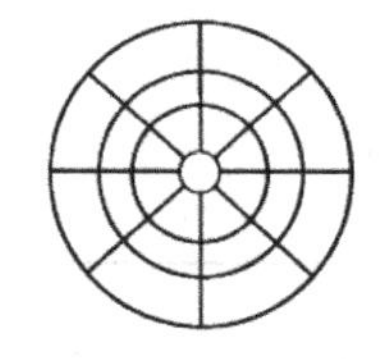

图 4.36 环形放射状交通布置

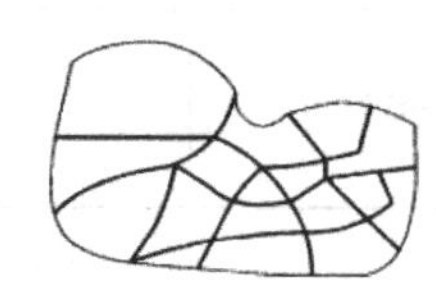

图 4.37 自由式交通布置

4.5.1.2 道路安全控制因素

根据国内外厂区道路网规划建设经验，确定道路安全控制应该考虑以下因素：

（1）交通流的连续性。道路间隔过密会导致交叉口数量增加，从而增加车辆在交叉口等候和频繁加减速，使得车辆行驶延误增加，降低了交通流的连续性和道路的通行能力。因此，为了保持车辆行驶效率、提高道路的通行能力，以次干道间距不小于 300m，主干道间距不小于 600m 为宜。

（2）路网结构是指厂区快速路、主干道、次干道、支路在长度上的比例，衡量道路网的结构合理性。根据厂区道路功能的分类和保证交通流的畅通，道路的交通结构应该为塔形。

（3）道路面积率即道路用地面积占厂区建设用地面积的比例。为了适应厂区发展的需要，建议将厂区道路面积率调整到 10% ~ 30% 较为合适，也可根据厂区情况酌情增减。

（4）人均道路面积是指厂区人均占有的道路面积。道路广场用地为 7 ~ 15m^2/ 人，这一指标是与 8% ~ 15% 的道路广场用地率相对应的，因此厂区的人均道路用地面积指标也应该相应提高。

（5）道路网的可达性（Accessibility）是指所有交通区中心到达道路网最短距离的平均值。该指标值越小，说明其可达性越好。

（6）道路网连接度

道路网连接度是指道路网中路段之间的连接程度，用下式表示：

$$J = \frac{2M}{N}$$

式中：M——道路网中路段数；

N——道路网的节点数。

按照上式计算的简单道路网的连接度值，见表 4.14。方格式结合环形放射式路网连接度比方格式路网连接度高，连接性能更好；而环形放射式路网连接度比单纯放射式路网的连接度高。因此城市道路成环成网的状况越好，其连接度越好。

简单道路网连接度值　　　　**表 4.14**

网络布局形式	节点数	网络总边数	连接度值
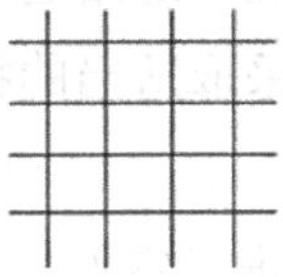	32	40	2.5
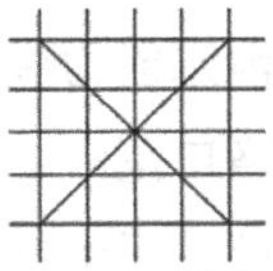	45	68	3.0
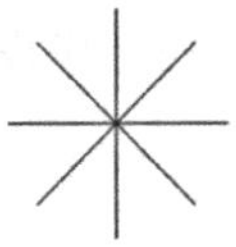	9	8	1.8
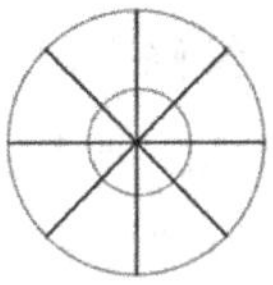	17	32	3.8

4.5.2　交通设施安全控制

科学合理的交通设施能够引导驾驶员正确的驾驶行为，降低旧工业厂区交通事故的风险发生概率。为了保障道路交通安全，交通设施从设计环节开始就要着重关注安全问题。交通设施的设计要规范化、标准化、人性化。交通设施的标准化、规范化是保障道路交通安全的基础性工作。交通设施是为人服务的，因此在设计过程中要坚持“以人为本”的理念，使交通设施更具“人性化”因素，更贴近于人们的工作生活，更好地发挥交通设施的功能。

4.5.2.1　道路管线安全控制

旧工业厂区新建道路应按规划位置敷设所需管线且宜埋地敷设。管线类别、管线走向、规模容量、预留接口和敷设方式应满足城市总体规划和管线工程专业规划的要求，并为厂区远期发展适当留有余地。

地上管线宜设置在道路设施带内。架空管线不得侵入道路建筑限界，距离地面高度应符合相关专业技术规范的规定。地下管线除支管接口外，其余部分不应超出道路红线范围。地下管线宜优先考虑布置在非车行道下，不得沿快速路主路车行道下纵向敷设。当其他等级道路车行道下敷设管线时，井盖不应影响行车安全性和舒适性，且宜布置在车辆轮迹范围之外。

4.5.2.2 道路排水安全控制

旧工业厂区道路排水设计应根据区域排水规划、道路设计和沿线地形环境条件，综合考虑道路排水方式。道路排水应采用的管道形式，外围道路可采用边沟排水。在满足道路基本功能的前提下，应达到相关规划提出的低影响开发控制目标与指标要求。道路的地面水必须采取可靠的措施，迅速排除。当道路的地下水可能对道路造成不良影响时，应采取适当的排除或阻隔措施。道路结构层内可根据需要采取适当的排水或隔水措施。

城市道路排水设计重现期、径流系数等设计参数应按现行国家标准《室外排水设计规范》GB 50014 中的相关规定执行。道路雨水口的形式、设置间距和泄水能力应满足道路排水要求。雨水口的布置方式应确保有效收集雨水，雨水不应流入路口范围，不应横向流过车行道，不应由路面流入桥面或隧道。一般路段应按适当间距设置雨水口，路面低洼点应设置雨水口，易积水地段的雨水口宜适当加大泄水能力。边坡底部应设置边沟等排水设施，路堑边坡顶部必要时应设置截水沟。

4.5.2.3 道路照明安全控制

旧工业厂区道路照明应采用安全可靠、技术先进、经济合理、环保、维修方便的设施。道路照明应满足平均亮度（照度）、亮度（照度）均匀度和眩光限制指标的要求。此外，道路照明设施还应有良好的诱导性。曲线路段、平面交叉、立体交叉、铁路道口、广场、停车场、桥梁、坡道等特殊地点应比平直路段连续照明的亮度（明度）高、眩光限制严、诱导性好。道路照明、布灯方式应根据道路横断面形式、宽度、照明要求等进行布置。道路照明应根据所在地区的地理位置和季节变化合理确定开关灯时间，并应根据天空亮度变化进行必要修正。宜采用光控和时控相结合的智能控制方式，有条件时宜采用集中控制系统。照明光源应选择高光效、长寿命、节能及环保的产品，道路照明设施应满足白天的路容最可观要求；灯杆灯具的色彩和造型应与道路景观相协调，如图 4.38、图 4.39 所示。

图 4.38 直线道路照明安全设计示意图

图 4.39 弯道照明安全设计示意图

4.5.3 施工过程安全控制

4.5.3.1 健全安全管理制度

道路工程施工企业想要做好安全管理工作，需结合各个安全隐患和问题进行细分并制定完善的安全管理制度。道路施工企业应参考相关的法律法规并结合施工安全管理规范，对施工现场的安全管理制度进行明确。在管理制度制定后，还应注重对安全管理制度的落实，管理人员应具有责任意识，从奖惩制度方面入手，明确自身的管理职责以及管理目标，提升具体安全管理工作人员执行效率。在安全管理工作中，严格按照制定的安全管理制度进行，必要时可以利用相应的法律法规对施工现场的管理工作进行规范。进而提高道路施工的安全性，减少事故的发生次数。

4.5.3.2 安全管理人员培训

施工企业应聘用工作能力和工作责任心较强的管理型人才，安全管理人员应掌握施工安全方面的相关规范并拥有相应执业资格，只有选择优秀的管理人员，才能将施工现场的安全管理工作落到实处，提升施工安全。同时，要强化对施工人员的管理，交通道路的现场施工人员往往文化水平较低，所以其施工技术水平和安全意识也都较为薄弱，这就需要施工企业强化施工人员技术水平及安全作业知识的培训，并使其掌握一些常见安全事故的应急处理措施。工程管理部门还可以在安全管理工作中结合一些奖惩措施，这样有利于提升施工人员的安全施工意识，进而促进道路工程的施工安全。

4.5.3.3 施工现场环境把控

露天施工是交通道路工程建设中最为显著的特点，施工企业要做好对施工环境、各类地质条件以及气候条件的了解与控制。其一，施工企业应以施工人员的安全为前提，严禁因赶工期而在恶劣环境中施工的行为出现，提高人员自我人身安全保护意识，同时注意施工期间过往车辆以及行人的安全；其二，施工管理部门应注重对施工期间天气情况的了解，如出现大风、强降雨、高温等天气应停止施工；其三，应做好对施工地区的勘查工作，施工前应对施工地区的水文地质及周边环境进行科学的勘查，并制定出相应的预案，以此降低因施工环境问题带来的安全隐患。

4.5.3.4 加强施工材料及设备管理

加强对道路工程施工材料与设备的管理与控制，是保证道路工程安全的关键因素之一。在购进施工材料时，需要选择信誉良好且具有相关资质的供应商，并且要对材料进行试验检测，以此降低因施工材料质量问题带来的安全隐患。

同时，还要保障道路施工机械设备的运行安全，施工企业应做好相应的安全防护措施，对使用的机械设备进行定期的检修与维护，发现故障问题要及时维修，保证机械设备运行的安全与稳定从而提升施工过程中的安全系数。

4.6 工程案例分析

4.6.1 项目概况

西安建筑科技大学华清学院位于西安市幸福南路109号，由原陕西钢厂厂区再生重构而成。陕西钢厂成立于1958年，位于西安二环东南角，毗邻雁塔区，北连未央区、西接莲湖区，如图4.40所示。1965年全面投产，是年产约60万吨钢的中型企业，占地900多亩，建筑面积近20万m^2，原陕钢厂鸟瞰如图4.41所示。20世纪末，陕西钢厂也像其他众多传统产业一样，陷入了不可避免的衰败之境，2001年陕西省政府批准陕钢厂破产，同年西安建筑科技大学策划收购陕钢厂作为其第二校区——华清学院。

图4.40 厂区位置

图4.41 原陕钢厂鸟瞰

2018年6月，西安市新城区政府、西安建筑科技大学、西安华清科教产业（集团）有限公司与中国能源建设集团西北建设投资有限公司合作，为老钢厂文化创意科技小镇签订框架协议，标志着老钢厂文化创意科技小镇的建设进入了实质性发展阶段。厂区发展历程如图4.42所示。

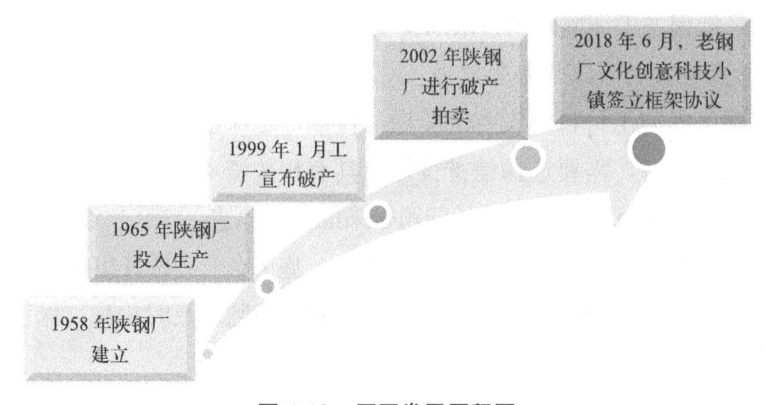

图4.42 厂区发展历程图

4.6.2　交通再生重构规划

老钢厂文化创意科技小镇占地面积 1830 亩，建设和入园项目规划总投资 400 亿元，科技小镇区位如图 4.43 所示。科技小镇依托中国能源西北建设投资的资本优势、西安建筑科技大学的学科优势以及新城区的发展资源优势，合力打造集教育园区、创意产业园区、房地产开发区“三位一体”老钢厂文化科技创意板块，厂区整体规划理念如图 4.44 所示。

图 4.43　老钢厂文化创意科技小镇整体规划

图 4.44　老钢厂文化创意科技小镇规划理念

（1）园区整体道路规划

陕钢厂在道路交通重构安全规划方面，采用“三纵三横”的制线路网设计，如图 4.45 所示，注重对交通流线设计、快慢交通的连接与融合、道路绿化设计引导及停车场地布置等，缩减人流、车流在厂区内的停留时间和运行的距离，提升厂区交通的便利性与低碳出行比例。道路交通重构方案采用人车分流、快慢结合的道路结构，如图 4.46 所示，主要出入口设置在厂区与园区联系紧密且等级较高的道路上提升与园区道路的衔接度，减少机动车在厂区内的运行距离。厂区设置单独人流通道，避免两者交叉干扰，提升道路运行效率。

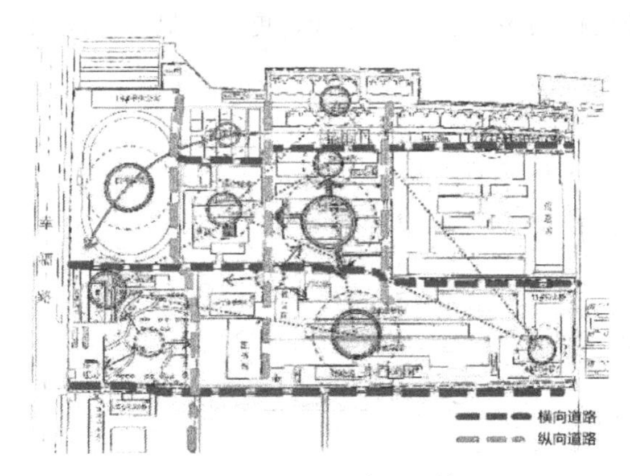

图 4.45　厂区路网设计

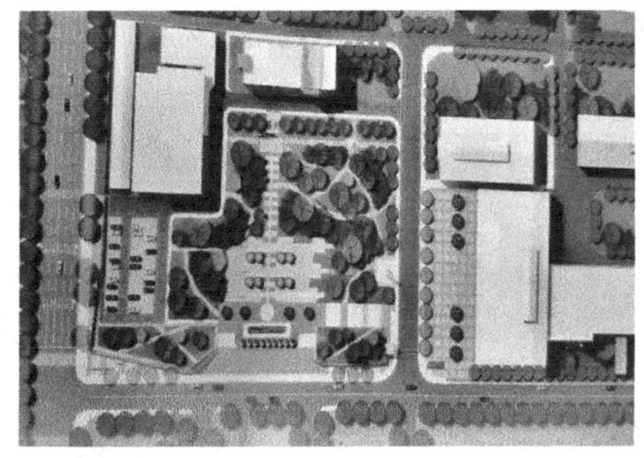

图 4.46　慢行道系统设计

（2）细部道路改造

对厂区道路重构过程中，“三低理念”——低碳设计、低碳技术、低碳道路材料，对重构过程做出具体的指导，降低道路施工过程中的碳排放。厂区道路设计时尽可能少用人工围挡，提升园区的开放性。厂区主干道路宜呈环状，道路走向与厂区内主要建筑物、功能区的轴线平行或垂直，方便地下管线的敷设。对于不同等级的道路所采用的材料有所差别，厂区主干道多采用稳定性强、抗老化、抗疲劳、抗水损、强度高的低碳环保材料；步行景观道铺设时宜使用透水性好的砖、石材；停车场、自行车道宜采用透水性好的道路材料。

4.6.3 重构效果

厂区重构效果根据不同功能用途可以分为“运动、学生生活区”“办公区”“教学区”“休闲区、专家生活区”四个板块，如图 4.47 所示，不同板块根据其使用功能进行重构。

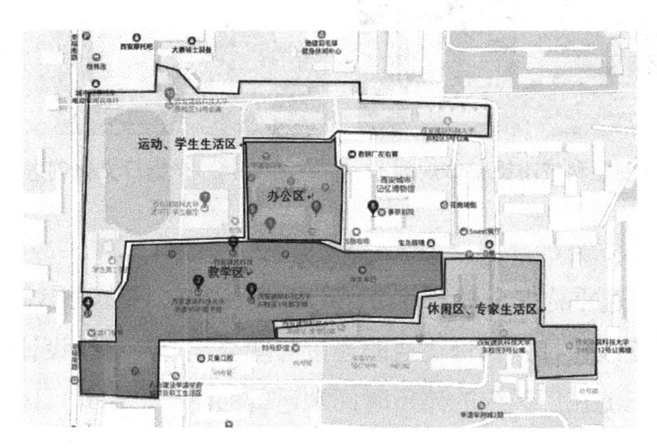

图 4.47 重构效果分区示意图

4.6.3.1 办公区重构效果

厂区重构过程中考虑到办公区域在整个校区的核心位置，故将其布置在交通方便的厂区中间地带，如图 4.48 所示。办公区域周边路网多为直线型设计，更加凸显办公区域的庄重肃穆，且该区域道路较为集中，交通可达性较强。

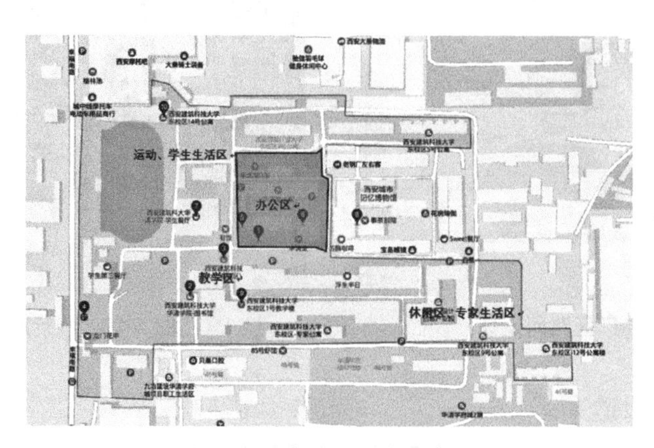

图 4.48 办公区区位示意图

办公区域道路设计为简洁的直线型，道路两边的行道树选择高度较高且主干笔直的树种，从而营造较为空旷的视觉效果，如图 4.49 所示。道路周边原有厂区的牛腿柱高挑笔直，将其保留既打造办公区域肃穆的空间氛围，又能留住厂区的工业记忆，如图 4.50 所示。

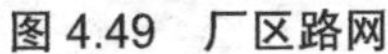

图 4.49　厂区路网

图 4.50　牛腿柱景观

4.6.3.2　运动、学生生活区重构效果

运动、学生生活区位于校区的西北角区域，如图 4.51 所示。该区域建筑物密度较小、空间空旷，满足运动、学生生活需要。

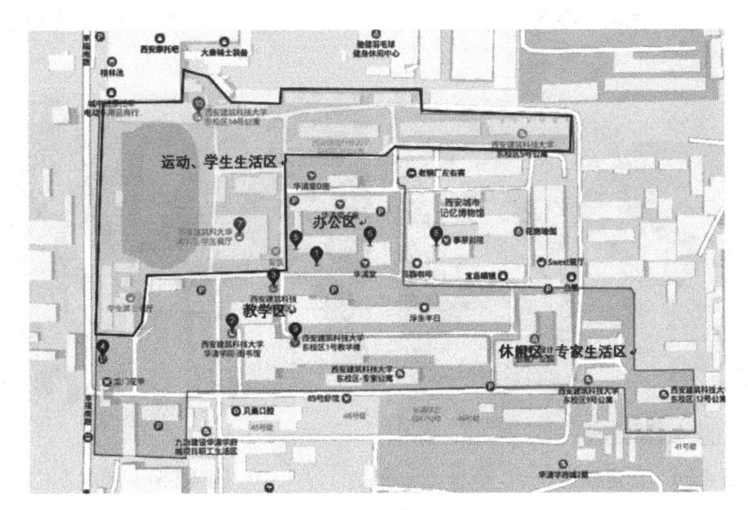

图 4.51　运动、学生生活区区位示意图

运动、学生生活区主要包括学生宿舍楼、大学生活动中心、学校操场等，根据不同区位的需要在园区内铺设慢行道。厂区内慢行道主要以简洁的直线路网贯通全园，如图 4.52 所示，连接园内主要的景观节点，铺装以花岗岩为主。

将厂区内原有的道路铺设沥青，重构为厂区的车行路线，并保留原来厂区的大型树木作为必要的绿化、行道树，营造优美的绿化环境。如图 4.53 所示，保留厂区原有的法国梧桐等生长年代较久的树木使得园区更加富有年代感。如图 4.54 所示，对原厂区的空地进行平整并将其重构为生态花园。在花园内栽培高低错落的绿植，使其更富有空间感；摆设天然石雕，增添文化气息。

游憩空间是景观空间的精髓，它让人们感受到空间场所的脉搏，具有很强的开放性和连续性，是人们体验场所的重要景观空间。如图 4.55 所示，齿轮广场上厂区原有重达 26 吨的连铸机早已锈迹斑斑，其铸铁齿轮仍然保留完整，对其表面锈渍进行打磨抛光后重生为独特的建筑小品矗立在园区一隅，仿佛一个垂暮老朽正向路人诉说着厂区的故事。

图 4.52　学生活动中心区域

图 4.53　行道树保留

图 4.54　厂区路网

图 4.55　“齿轮”广场

4.6.3.3　教学区重构效果

教学区位于校区的西南部区域，紧邻校区大门，一条东西向的主干道贯通，区域的空间可达性强，如图 4.56 所示。

教学楼前面空地部分重构为生态绿地，并以教学楼为中心设置“放射状”的慢行道，如图 4.57、图 4.58 所示，更加增添了区域交通的灵活性。

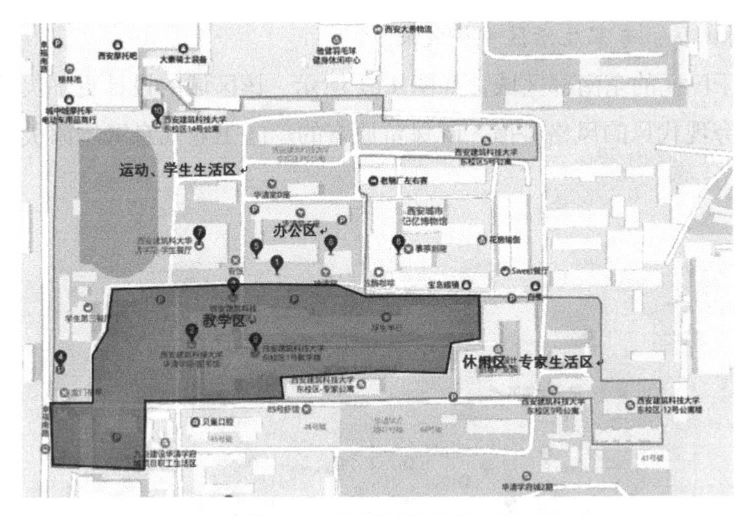

图 4.56　教学区区位示意图

图 4.57　厂区生态花园小路

图 4.58　教学楼前小路

建筑周围空地充分利用，划分为不同的停车位，满足校内停车需要，如图 4.59 所示。1 号、2 号教学楼前还设有文艺广场，可以举办丰富多彩的校园文化活动，能够满足学生活动的需要，如图 4.60 所示。

图 4.59　停车场

图 4.60　文化广场

4.6.3.4　休闲区、专家生活区重构效果

休闲区位于厂区的东南部区域，如图 4.61 所示。该区域的设计更加灵活多样，是古朴工业风与浮夸现代风的风格碰撞，既保留原有的厂区工业气息又增添极具活力的现代元素。

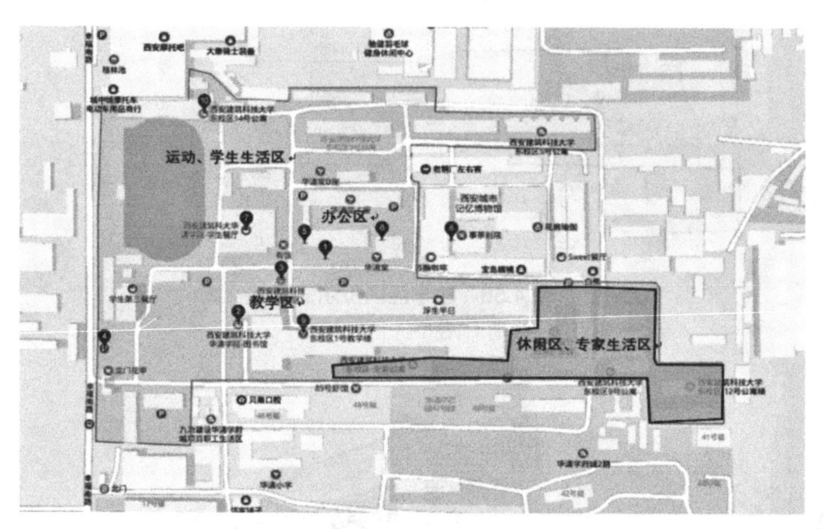

图 4.61　休闲区、专家生活区区位示意图

休闲区域的道路设计风格多样，在原有厂区道路设计的基础上又增加了现代元素，既有现代风格的通透道路，又有绿植葱郁、交相辉映的“林间小道”。如图 4.62 所示，对于周边建筑物较高的建筑，难免会给人带来压抑感，因此，在厂区重构过程中，道路两旁采用大面积的玻璃落地窗设计替代了原有厚重的砖墙，使得整个道路更加轻盈、富有活力，增加了厂区道路的通透感。相比之下，对于周边建筑物高度较低的道路，道路旁种有葱郁绿植，打造出如诗般的林间小道，如图 4.63 所示。

图 4.62　厂区路网

图 4.63　林间小道

广场空间是多种公共功能的场所，我们需要从交通、游憩、政治和文化多方面去综合考虑和分析，在对广场空间的设计上，我们要从地域性、厂区文化入手，考虑到原厂区的建筑风格和厂区原有建（构）筑物的再生利用，如图 4.64 所示，充分保留原有厂区文化墙，并将其园区空地设计为广场。由广场空间与陕钢厂文化墙依附的环境综合形成了一个兼备各种职能的活动空间。

厂区重构对原有工业空地、巷道改造，扶墙巷原本是两间厂房夹峙而成的过道，过道两侧是旧厂房的散水，由一条 30 多厘米宽的水沟分开。现将巷道重构，铺上了古朴的青砖，更富诗意，如图 4.65 所示。

图 4.64　厂区空间

图 4.65　空间设计

第 5 章　消防再生重构安全规划

本章以消防再生重构为切入点，探讨如何在符合当下消防技术规范的前提下，较为全面地对旧工业厂区进行消防重构的绿色工作。与此同时本章还深入剖析当前我国旧工业厂区消防保护的工作，既突出消防重构的“面”（消防再生重构总平面规划），又注重消防重构的“点”（消防再生重构建筑平面规划）。最后，通过对旧工业厂区建筑消防再生重构实例的分析，试图构建起一个具有指导意义的旧工业厂区建筑消防重构体系。

5.1　消防再生重构基础

5.1.1　厂区消防系统现状

5.1.1.1　消防设计不合理

旧工业厂区内的建筑群大部分是建于 20 世纪 80 ～ 90 年代，而从 20 世纪 80 年代开始，我国才相继颁布了一系列有关冶金、电力、石化行业的防火设计标准规范。由于发展得较晚，以及设计单位技术力量欠缺，所设计的消防图纸不完善，相较于现在的消防设计来说，存在消防设施漏项，或选型不对或功能不全的问题。加上国家处于大发展时期，需要大量的钢铁等工业产品，这使得一些建设单位为了加快工期建设，提出一些不合理消防的设计改动。甚至部分设计单位为了迎合建设单位，在进行消防设计时不严格按国家消防技术规范的要求进行设计，在设计中减免建筑消防设施的种类和数量等。有的建设单位为了节约消防资金投入，擅自更改消防设计，降低消防技术标准、消防设施设计的合理性，而一些不合理的建筑消防设计未经消防机构审核，擅自施工，形成先天性火灾隐患。

5.1.1.2　消防产品质量不高

早期使用的一些消防产品与现在相比质量普遍不高。近年来，消防产品质量随着科学技术的发展有了很大提高，但由于产品监督体系还不完善以及技术革新水平的差异，产品质量参差不齐。如火灾自动报警系统误报、漏报，消防水系统管道漏水，致使人们对一些公共场所的消防设备失去信任感。有些厂区因为自身及市场原因，还在使用一些落后的消防产品，这一类消防设备运行成本高，维修困难，在使用时往往是“带病”运行，使得厂区消防处于危险之中，提升了初期火灾的扑灭难度。

5.1.1.3　安装施工质量不佳

有的消防施工单位无固定的专业施工人员，若接到消防安装工程，便低价请一些没有施工经验的人员进行施工；有的单位在工程竞标中采取不正当的经济手段压低标底，中标后为了获得高额的利润，不惜牺牲消防工程的质量，并且施工时又没有严密的质量监督体系，工程质量粗劣，导致探测器编码错误、控制器不稳定、电线松动等现象，造成了厂区建筑固定消防设施的先天隐患。

5.1.1.4　缺乏检测维修

对于一些消防安全意识淡薄的单位，安装建筑消防设施只是为了应付消防机构的验收。建筑消防设施投入使用后无人管理或管理者不熟悉消防设施的功能操作，不懂得其维护保养的基本知识，设施出现故障不能及时修复。

5.1.2　厂区消防系统火灾风险评估

5.1.2.1　评估内容

火灾风险评估的主要内容包括：①收集评估所需的信息资料，进行消防隐患识别；②对于可能造成重大后果的消防隐患，采用科学合理的方法进行隐患分析，预测极端情况下火灾的影响范围、最大损失以及发生火灾的可能性或概率，给出量化的消防安全状态参考值；③根据量化的消防安全状态参数值，进行整改优先度排序；④提出消防安全对策措施与建议。

5.1.2.2　评估程序

根据火灾风险评估的工作内容，一般火灾风险评估的工作程序如图 5.1 所示。

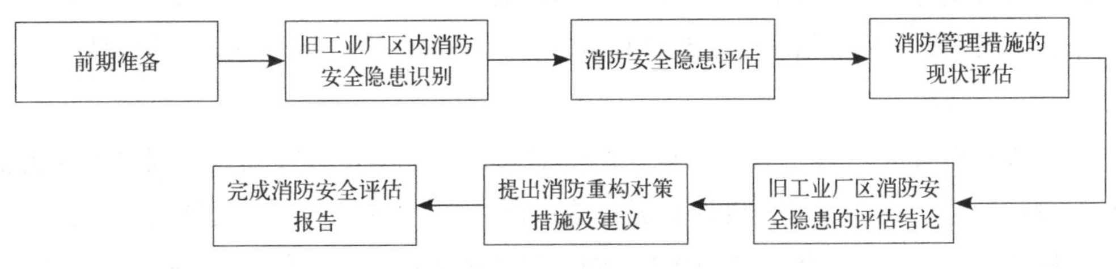

图 5.1　火灾风险评估工作一般程序

（1）前期准备

明确火灾风险评估的范围，收集所需的各种资料，重点收集与现实运行状况有关的各种资料和数据，主要资料有：①现有设备设施的功能；②可燃物分布；③周边环境情况；④消防设计图纸；⑤消防设备相关资料；⑥火灾事故应急救援预案；⑦消防安全规章制度；⑧相关的电气检测和消防器材检测报告。

（2）消防安全隐患识别

对于厂区的既有建筑来说，在经过长时间的使用后，存在建筑功能老化，可燃物分布复杂，危险源辨识困难等问题。而往往火灾的发生与大量可燃物的存在有着密切的关系，可燃物的类型、数量以及分布都对火灾的发生和蔓延起决定性作用。所以要采用科学、合理的评估方法，对消防隐患及可燃物进行识别和分析，明确消防安全的隐患部位。

（3）定性、定量评估

根据评估对象的特点，确定消防评估所采用的评估方法。在系统生命的周期内，采用定量化的安全评估方法，把定性与定量结合起来，进行科学、全面、系统地分析评估。

（4）消防管理现状评估

消防管理现状评估主要包括：①消防管理制度评估；②火灾应急救援预案的评估；③消防演练计划。

（5）确定对策、措施及建议

根据火灾风险评估结果，提出相应的对策措施及建议，并按照火灾风险程度的高低进行解决方案的排序，列出存在的消防隐患及整改紧迫程度，针对消防隐患提出改进措施及改善火灾风险状态水平的建议。

（6）确定评估结论

根据评估结果明确指出经营单位当前的火灾风险状态水平，提出火灾风险可接受程度的意见。

（7）消防安全评估报告完成

生产经营单位应当依据火灾风险评估报告编制隐患整改方案和实施计划，完成火灾风险评估报告。

5.1.2.3　检查与评估

既有建筑消防系统安全性能评估包括检查和评估两个方面，其中检查工作包括图纸资料审查、系统施工安装情况的一般性检查，评估工作包括防火系统综合性评估。

（1）图纸资料审查

图纸资料审查的内容与火灾风险评估中的前期准备工作内容大致相同，主要包括：①初始设计图纸、施工图纸、设计变更及竣工图；②主要设备、产品性能指标的资料和产品合格证书；③隐蔽工程的施工验收记录、管道通水冲洗记录等；④实验记录；⑤消防用电设备的试运转记录；⑥工程质量事故的处理记录。此外，由于厂区内既有建筑的年代一般都比较久远，由于管理不当，导致图纸资料丢失的情况时有发生，所以在图纸审查时要与业主及时沟通，确保图纸审查工作的准确性。

（2）系统施工安装情况的一般性检查

以消防给水系统为例，主要检查消防水泵、水泵接合器、消防水池取水口、室外消火栓及闸阀等主要设备的安装与图纸是否相符，有无正确明显的标志，有无外观损坏及明显缺陷。检查中应注意查看系统中各常开或常闭闸阀的启闭状态是否符合原设计要求，其他消防系统的一般性检查与给水系统的一般性检查类似。

（3）防火系统综合性评估

厂区内既有建筑的防火安全系统检查评估方法常采用打分法，常见的打分表见表5.1。当然，对于不同厂区的消防安全检查表所具体对应的检查项目和各项的分值设置是不同的，需要有关的检查部门根据现场实际对安全检查表进行合理改进。

既有建筑防火安全系统检查评估方法　　表 5.1

编号	评估项目	定性定量指标	项目分值	项目得分	备注（检查方式、资料等）
1	燃气系统	—	10		
1.1	燃气灶	设有熄火保护装置	3		图纸资料、现场检查
1.2	燃气热水器	设有燃气不完全燃烧报警装置	2		
1.3	报警和关闭装置	设有燃气泄漏报警和自动关闭阀门装置	3		
1.4	燃气设置场所	设置墙纸排烟设施	2		
1.5	质量、功能检测	燃气灶保护装置有缺陷	-1 ~ -3		工程质量保证资料核查、现场检查及功能抽查
		燃气热水器装置有功能缺陷	-1 ~ -2		
		报警和关闭装置有功能缺陷	-1 ~ -5		
2	供电线路及设施	—			
2.1	表前电线线径	符合规范要求	10		图纸资料
2.2	质量、功能检测	质量有一般性缺陷	-1 ~ -5		工程质量保证资料核查、现场检查及功能抽查
		功能有缺陷	-10		
3	火灾探测报警系统	—	10		
3.1	探测器设置部位	符合规范要求	10		图纸资料、现场检查
		重要部位均设置	8		
		设置部位缺失 10% 或以下	5		
		设置部位缺失 20% 以上	3		
3.2	质量、功能检测	有一般性缺陷，但不影响主要功能	− 得分 /2		工程质量保证资料核查、现场检查及功能抽查
		主要功能不符合《火灾自动报警系统设计规范》要求	− 得分		
4	应急照明系统	—	10		
4.1	应急照明系统设置	有应急照明系统	10		图纸资料、现场检查
4.2	质量、功能检测	质量有缺陷，但不影响功能	-3		工程质量保证资料核查、现场检查及功能抽查
		功能有缺陷	-10		
5	排烟系统和设施	—	10		
5.1	设置类型	设置机械排烟	10		图纸资料、现场检查
		采用符合条件的自然排烟方式	10		
5.2	质量、功能检测	设备质量有缺陷，但不影响功能	-2		工程质量保证资料核查、现场检查及功能抽查
		功能有缺陷	-3 ~ -8		
		有严重功能缺陷	-10		
6	灭火器配置	—	10		
6.1	配置合理性	灭火器配置合理	10		图纸资料、现场检查
		灭火器配置基本合理	7		
6.2	质量、功能检查	质量功能有缺陷	− 得分		工程质量保证资料核查、现场检查及功能抽查

5.1.3 厂区消防重构机制

5.1.3.1 厂区消防系统再生原因

（1）历史原因

目前消防相关的法律法规已经发展得较为完善，但在我国留存的旧工业建筑时间年限较为久远，建设时采用当时现行的标准规范进行设计施工。随着生活水平的提高以及人们对建筑质量和功能要求的不断提高，按照原标准规范建造的建筑不能满足现行规范的要求，再加上年久失修，尚存的消防设施也难以应付，留下了严重的火灾隐患。从而使旧工业建筑区内火灾危险程度发生了很大变化，造成了旧工业厂区内防火条件较差的局面，如图 5.2 所示。

(a) 旧工业厂房内景

(b) 旧工业厂房外景

图 5.2 旧工业厂区内年代久远且缺乏消防设施的建筑

（2）缺乏监管

旧工业厂区内建筑防火等级不高，并且在后续的使用过程中建筑所有者和使用者缺乏对火灾安全的足够重视，甚至还会抱有侥幸心理。同时，缺乏监管又进一步提高了厂区内建筑失火的风险，这也是促成厂区内消防系统再生重构的重要因素。

（3）危险性大

随着城市的发展，许多旧工业厂区逐渐成为城市中心地带，随着人口的逐渐密集，致使旧工业厂区内火灾安全隐患问题更加突出。在城市扩张过程中，部分旧工业厂区内没有建立起一支专职的消防队伍。而对于部分位置较为偏僻的旧工业厂区，消防车辆无法在规定的 5 分钟时间内到达，无法保证及时灭火。所以部分地区消防人员的缺乏和消防车辆装备的落后都是导致灭火力量不足的原因。

（4）消防水源缺乏

部分旧工业厂区内居民的生产、生活日供水量本身存在不足，导致用水缺乏。而市政消火栓数量和地下消防管网多是 20 世纪六七十年代安装的城市给水管道，管材多为铸铁管，覆盖区域少，供水管径小，管网供水压力、流量均达不到灭火要求。

5.1.3.2　厂区消防系统再生对策

由于旧工业厂区的历史特殊性，要彻底改变旧工业厂区内的消防安全状况，提高旧工业厂区抗御火灾的能力，是一项长期和复杂的系统工程。基于目前发展现状来看，大部分旧工业厂区的所有权归政府所有，所以由政府出面统一进行改造规划是一种较好的改造对策，这样的方式可以较好地解决总平面防火间距不足及市政消防给水管道无法满足用水量需要等问题，并且采用合适技术加以改造，增加了其防灾和减灾能力，达到现行防火规范的要求。

另外，消防队可以联合当地社区，加大消防宣传及监管力度，提升业主和建筑使用者对火灾危害的认识，掌握消防安全基本知识，严格遵守用火用电制度，提高防火安全意识。

还可以组织有关专家对旧工业厂区内的消防安全状况进行系统调研，结合厂区的实际情况，提出更加切实可行的意见，针对消防通道、消防给水、消防通信、消防用电、易燃易爆设施、防火保护措施等内容制定出详细的规划。

5.2　消防再生重构总平面规划

5.2.1　建筑消防安全规划

建筑的消防安全规划应满足城市规划和消防安全的要求。一般要根据建筑物的使用性质、生产经营规模、建筑高度、体量及火灾危险性等因素，合理确定其建筑位置防火间距、消防车道和消防水源等。

5.2.1.1　合理布置消防系统

根据旧工业厂区内各建筑物再生重构的使用性质、规模、火灾危险性以及所处的环境、地形、风向等因素，合理布置消防系统，以消除或减小建筑物之间及周边环境的相互影响和火灾危害。

5.2.1.2　合理进行功能区域划分

规模较大的旧工业厂区内建筑的再生重构，可以根据实际需要合理划分区域。若有不同火灾危险的生产建筑，则应尽量将火灾危险性相同的或相近的建筑集中布置，以利采取防火防爆措施，便于安全管理。在可能继续生产的易燃、易爆的工厂或仓库的生产区、储存区内不修建办公楼、宿舍等民用建筑。

5.2.2　建筑安全防火间距规划

防火间距是为了避免建筑间的火灾蔓延，同时为消防救援提供场地的最小空间间隙，而火灾在相邻建筑物间蔓延的主要途径为热辐射、热对流和飞火作用。它们有时单独作用于建筑物，有时则是几种联合同时作用于建筑物。

通常情况下，火灾对相邻建筑物威胁最大的是热辐射，当热辐射与飞火结合时，影响更大。热辐射可以将相距一定距离的其他建筑物引燃。建筑物之间的防火间距也主要是为了避免热辐射对相邻建筑物的威胁及消防扑救需要而规定的。

5.2.2.1　确定防火间距的原则

影响防火间距的因素很多，如热辐射、热对流、风向、风速、室内堆放的可燃物种类及数量等，在实际过程中不一定能综合考虑所有因素，所以通常根据以下原则确定建筑物的防火间距。

（1）考虑热辐射的作用。火灾实例表明，一、二级耐火等级的低层民用建筑，保持 7 ～ 10m 的防火间距，有消防队扑救的情况下，一般不会蔓延到相邻建筑。

（2）考虑灭火作战的实际需要。建筑物的高度不同，救火使用的消防车也不同，低层建筑，普通消防车即可；而对高层建筑，则要使用曲臂、云梯等登高消防车，防火间距应满足消防车的最大工作回转半径的需要。最小防火间距的宽度应能通过消防车，一般宜为 4m。

（3）有利于节约用地。以有消防队扑救的条件下，能够阻止火灾向相邻建筑物蔓延为原则。

（4）防火间距应按相邻建筑物外墙的最近距离计算。如外墙有凸出的可燃构件，从其凸出部分外缘算起；如为储罐或堆场，则应从储罐外壁或堆场的堆垛外缘算起。

（5）耐火等级低于四级的原有生产厂房，其防火间距可按四级确定。

（6）两座相邻建筑较高的一面外墙为防火墙时，其防火间距不限。两座建筑相邻两面的外墙为不燃烧体，如无外露的燃烧体屋檐，当每面外墙上的门窗洞口面积之和不超过该外墙面积的 5% 时，其防火间距可减少 25%。但门窗洞口不应正对开设，以防止热辐射与热对流。

5.2.2.2　改善防火间距的措施

（1）改变建筑物内的生产或使用性质，尽量减少建筑物的火灾危险性；改变房屋部分的耐火性能，提高建筑物的耐火等级。

（2）调整生产厂房的部分工艺流程和库房储存物品的数量；调整部分构件的耐火性能和燃烧性能。

（3）将建筑物的普通外墙改造成有防火能力的墙，如开设的门窗应采用防火门窗等。

（4）拆除部分耐火等级低、占地面积小、使用价值低的建筑物。

（5）设置独立的室外防火墙等。

5.2.2.3　各类建筑的防火间距

大量的已经停产的工业建（构）筑物组成了旧工业厂区。随着这类建筑被人们改造再生为其他用途，旧工业厂区便有了两种类型的建筑：一种是现存未被改造的工业建筑；另一种是已经改造完毕成为民用建筑的厂房，这些厂房之间及其乙、丙、丁、戊类仓库，与民用建筑等之间的防火间距应符合表 5.2 的规定。

旧工业厂区厂房之间及其乙、丙、丁、戊类仓库，与民用建筑等之间的防火间距　　表 5.2
（单位：m）

名称		甲类厂房	单层、多层乙类厂房	单层、多层丙、丁、戊类厂房（仓库）			高层厂房（仓库）	民用建筑		
				耐火等级				耐火等级		
				一、二级	三级	四级		一、二级	三级	四级
甲类厂房		12	12	12	14	16	13	25		
单层、多层乙类厂房		12	10	10	12	14	13	25		
单层、多层丙、丁类厂房	耐火等级 一、二级	12	10	10	12	14	13	10	12	14
	三级	14	12	12	14	16	15	12	14	16
	四级	16	14	14	16	18	17	14	16	18
单层、多层丙、丁类厂房	耐火等级 一、二级	12	10	10	12	14	13	6	7	9
	三级	14	12	12	14	16	15	7	8	10
	四级	16	14	14	16	18	17	9	10	12
高层厂房		13	13	13	15	17	13	13	15	17
室外变、配电站变压器总油量（t）	≥ 5 且≤ 10	25	25	12	15	20	12	15	20	25
	>10 且≤ 50			15	20	25	15	20	25	30
	>50			20	25	30	20	15	30	35

5.2.3　建筑消防车道规划

5.2.3.1　消防车道的设置条件

消防车道的规划是为了满足消防车快速通行的要求，所以在规划时需要满足一定的条件，使得消防车在建筑发生火灾时可以快速、准确地靠近建筑主体，到达灭火地点，避免延误灭火时机，减轻损失，所以消防车道的设置要满足以下的条件：

①工厂、仓库应设消防车道；

②易燃、可燃材料露天堆场区，液化石油气储罐区，甲、乙、丙类液体储罐区，可燃气体储罐区，应设有消防车道或可供消防车通行的且宽度不小于 6m 的平坦空地；

③高架仓库周围宜设环形消防车道；

④超过 3000 个座位的体育馆、超过 2000 个座位的会堂和占地面积超过 3000m^2 的展览馆等公共建筑，宜设环形消防车道；

⑤高层民用建筑周围，应设环形消防车道；

⑥建筑物沿街部分长度超过 150m 或总长度超过 220m 时，均应设置穿过建筑物的消防车道；

⑦高层建筑的内院或天井较大时，应考虑消防车在火灾时进入内院进行扑救操作，当其短边长度超过 24m 时，宜设有进入内院或天井的消防车道；

⑧ 供消防车取水的消防水池和天然水源，应设消防车道。

5.2.3.2 消防车道尺寸及其他要求

为了满足消防车快速通行的要求，消防车道的宽度和净空高度不应小于 4.00m，消防车道距离高层居住建筑外墙宜大于 5.00m 且其坡度不宜大于 3%，消防车道上空 4.00m 以下范围内不应有障碍物。

尽头式消防车道应设置 Y、T 形回车道或回车场。根据现有消防车的转弯半径，普通消防车转弯半径为 9m，登高消防车的转弯半径为 12m，一些特种消防车的转弯半径为 16 ～ 20m，因此回车场不宜小于 15m × 15m，大型消防车的回车场不宜小于 18m × 18m。如图 5.3 所示。

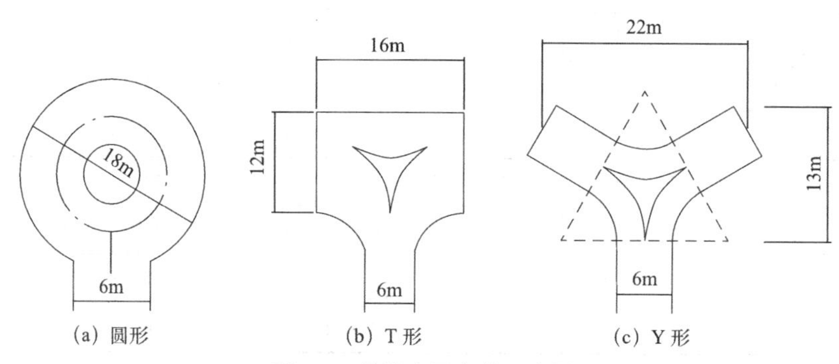

图 5.3 消防车回车道示意图

5.2.3.3 常见消防车道类型

（1）环形消防车道

旧工业厂区内除对旧工业厂区内的既有建筑（群）进行再生重构以外，还有可能在该区域内重新新建一部分建筑。设计中如果对消防车道考虑不周，在火灾发生时消防车无法靠近建筑主体，往往延误灭火时机，造成重大损失。当旧工业建筑再生重构为大型公共建筑时，如大型体育馆、会堂、展览馆、博物馆等，其体积和占地面积都较大，为便于消防车靠近扑救和人员疏散，可在建筑物周围设置环形车道沿街的建筑，另外街道的交通道路，也可作为环形车道的一部分。

（2）消防过道

对于一些使用功能多、建筑面积大的旧工业建筑，当其沿街长度超过 150m 或总长度超过 220m 时，应在建筑内部适当位置设置消防车道，如图 5.4 所示。

此外，为了日常使用方便和消防人员快速便捷地进入建筑内院救火，应设连通街道和内院的人行通道，通道之间的距离不宜超过 80m，如图 5.5 所示。

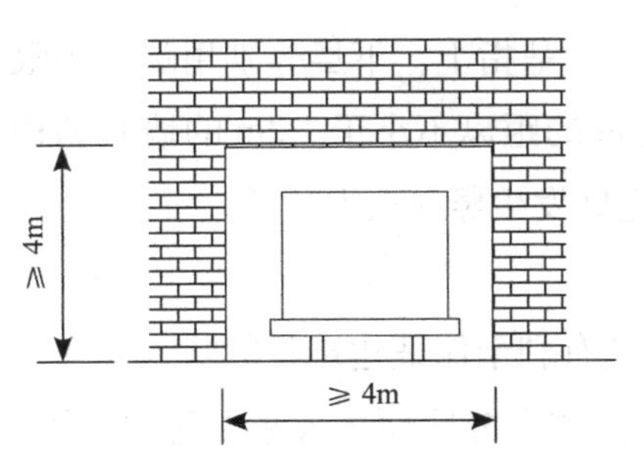

图 5.4　穿过建筑的过街楼洞口尺寸

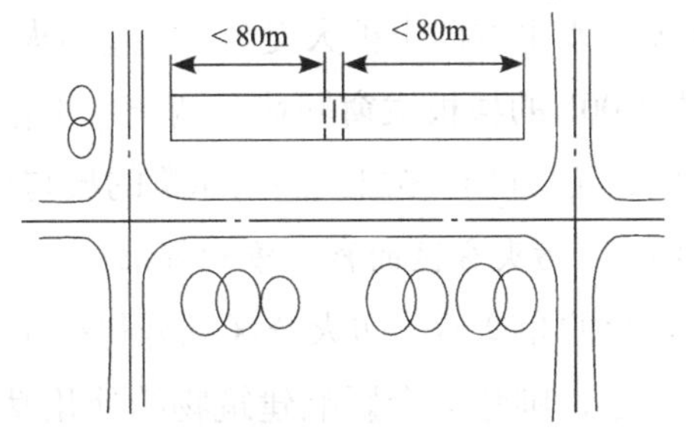

图 5.5　穿越建筑物的人行通道示意图

（3）消防水源地的消防车道

发生火灾时，消防车内的水能够维持的时间有限，并且建筑物内可燃物多，火灾持续时间长。因此，一旦火灾进入旺盛期，就要考虑持续供水的问题。所以对于靠近天然水源，如江、河、湖等的旧工业厂区，也可考虑在天然水源附近设消防车道。

5.3　消防再生重构建筑平面规划

5.3.1　建筑消防防火分区及防火分隔规划

5.3.1.1　防火分区的定义与分类

防火分区，从广义上来讲，使用具有较高耐火极限的墙体（作为一个区域的边界构件）划分出来的，能在一定时间内阻止火势向同一建筑的其他区域蔓延的防火单元。因此，在建筑设计中合理地进行防火分区，不仅能有效控制火势的蔓延以利于人员的疏散和扑灭火灾，还可以减少火灾造成的损失，保护国家和人民财产安全，如图 5.6 所示为某建筑防火分区示意图。

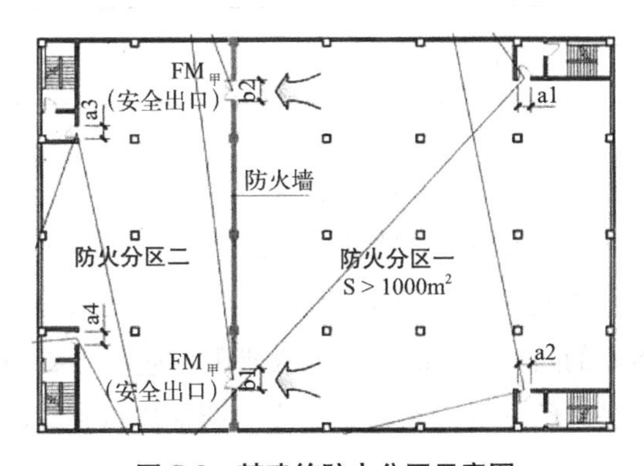

图 5.6　某建筑防火分区示意图

防火分区按其功能可以划分为水平防火分区和竖向防火分区两类。水平防火分区是指在同一水平面内，利用防火分隔物将建筑平面分为若干防火分区或防火单元，目的是防止火灾在水平方向上扩大蔓延；垂直防火分区则是指上、下层分别用耐火极限不低于1.50h或1.00h的楼板或窗间墙（两上、下窗之间的距离不小于1.2m的墙）等构件进行防火分隔，可以防止多层或高层建筑的层与层之间发生竖向火灾蔓延。

5.3.1.2 防火分区的再生重构标准

从防火的角度看，防火分区划分得越小，越有利于保证建筑物的防火安全。但如果划分得过小，则势必会影响建筑物的使用功能。防火分区面积大小要考虑的因素包括：建筑物的高度、重要性、火灾危险性、消防扑救能力以及火灾蔓延的速度等。根据我国现行的规范《建筑设计防火规范》GB 50016—2014、《人民防空工程设计防火规范》GB 50098—2009等均对防火分区的面积作了规定，其中分别对民用建筑、厂房、库房等的防火分区做出了不同的要求，其中厂区建筑再生重构的方式往往是由工业建筑转民用建筑，所以对于民用建筑的耐火等级、允许层数和防火分区最大允许建筑面积应符合表5.3的要求。

建筑耐火等级、允许层数和防火分区最大允许建筑面积　　表5.3

名称	耐火等级	建筑高度或允许层数	防火分区的最大允许建筑面积（m^2）	备注
高层民用建筑	一、二级	住宅类建筑大于27m；其他类建筑高度大于24m	1500	1. 当高层建筑主体与其裙房之间设置防火墙等防火分隔设施时，裙房的防火分区最大允许建筑面积不应大于2500m^2 2. 体育馆、剧场的观众厅，其防火分区最大允许建筑面积可适当放宽
单层或多层民用建筑	一、二级	1. 单层公共建筑的建筑高度不限 2. 住宅建筑的建筑高度不大于27m 3. 其他民用建筑的建筑高度不大于24m	2500	
	三级	5层	1200	—
	四级	2层	600	—
地下、半地下建筑（室）	一级	不宜超过3层	500	设备用房的防火分区最大允许建筑面积不应大于1000m^2

另外，在进行防火分区的划分时，需注意以下几点：

（1）地下室、半地下室要采用防火墙划分防火分区，其面积不应超过500m^2。

（2）设置防火墙有困难的场所，可采用防火卷帘作为防火分隔，当采用以背火面温升作为耐火极限判定条件的防火卷帘时，其耐火极限不应小于3.00h；当采用不以背火面温升作为耐火极限判定条件的防火卷帘时，其卷帘两侧应设独立的闭式自动喷水系统保护，系统喷水延续时间不应小于3h。喷头的喷水强度不应小于0.5L/s·m，喷头间距应为2～2.5m，喷头距卷帘的垂直距离宜为0.5m。

（3）设在疏散走道上的防火卷帘应在卷帘的两侧设置启闭装置，并应具有自动、手动和机械控制功能。

5.3.1.3　厂区建筑防火分区重构形式

(1) 防火墙分隔防火分区

防火墙是建筑中采用最多的防火分隔物。我国传统居民中的马头墙，其主要功能就是防止发生火灾时火势的蔓延。大量的火灾实例显示，防火墙对阻止火势蔓延起着很大的作用。所以，防火墙通常是水平防火分区的分隔首选，如图 5.7、图 5.8 所示。

图 5.7　传统民居中的防火墙

图 5.8　现代建筑中的防火墙

根据在建筑平面上的关系，防火墙可分为横向防火墙（与建筑物长轴方向垂直的）和纵向防火墙（与建筑物长轴方向一致的）；从防火墙在建筑中的位置分，有内墙防火墙和外墙防火墙。内墙防火墙是划分防火分区的内部隔墙，外墙防火墙是两幢建筑间因防火间距不够而设置的无门窗（或设有防火门、窗）的外墙。防火墙应由非燃烧材料构成。

(2) 防火卷帘分隔防火分区

防火卷帘是一种不占空间、关闭严密、开启方便的较现代化的防火分隔物，具有可以实现自动控制、与报警系统联动的优点。在建筑内部设置防火墙有一定困难时，可以设置防火卷帘，防火卷帘与一般卷帘在性能要求上存在的根本区别是，防火卷帘具备必要的非燃烧性能、耐火极限及防烟性能。如图 5.9 所示。

图 5.9　防火卷帘

对于公共建筑中不便设防火墙或防火分隔墙的地方，最好使用防火卷帘，以便把大空间分隔成较小的防火分区。在穿堂式建筑物内，可在房屋之间的开口处设置上下开启或横向开启的卷帘。在多跨的大厅内，可将卷帘固定在梁底下，以柱为轴线，形成一道临时性的防火分隔。

（3）增加中庭的防火分区的划分

中庭是以大型建筑内部上下楼层贯通的大空间为核心而创造的一种特殊建筑形式，常见于大型商业综合体、展览馆等，如图 5.10 所示。在大多数情况下，其屋顶或外墙由钢结构和玻璃制成，在美化建筑的同时，加强了室内的绿化环境，形成舒适的空间。但中庭若出现火灾则是十分危险的情况。由于中庭是上下贯通的大空间，当防火设计不合理或管理不善时，火灾有急速扩大的可能性，危险性较大，具体表现在：①火灾不受限制地急剧扩大。中庭一旦失火，火势和烟气可以不受限制地急剧扩大。中庭空间形似烟囱，若在中庭下层发生火灾，烟气便会十分容易地进入中庭空间；若在中庭上层发生火灾，烟气不能及时排出，则会向周围楼层扩散。②疏散困难。中庭起火，整幢建筑的人员都必须同时疏散，由于人员集中，增加了疏散的难度。③灭火和救援困难。中庭空间顶棚的灭火探测和灭火装置受高度的影响常常达不到早期探测和初期灭火的效果。

图 5.10　建筑中庭形式

因此在中庭的防火设计中，为减少火灾的损失，应严格按照防火规范中对中庭防火设计的规定：①房间与中庭回廊相通的门、窗应设置自行关闭的乙级防火门、窗；与中庭相连的过厅、通道处应设防火门或防火卷帘；②每层回廊都要设自动喷水灭火系统，喷头间距在 2.0 ～ 2.8m 之间，并且每层回廊应设火灾自动报警设备；③中庭净空高度不超过 12m 时可采用自然排烟，但可开启的天窗或高侧窗的面积不应小于该中庭地面面积的 5%，其他情况下应采用机械排烟设施。

5.3.2　建筑消防防烟分区规划

5.3.2.1　火灾烟气的危害

建筑物发生火灾时，可能参与燃烧的物质种类包括建筑构件、室内家具、物品、装饰材料等，因此火灾烟气中各种物质的组成也相当复杂，包括了多种有毒有害气体，一般有未燃可燃气、水蒸气、二氧化碳以及一氧化碳、二氧化硫、氯化氢等。

烟气对人的危害主要体现在高温、毒性、窒息、遮光等方面。高温对人的危害主要体现在烟气中带有一定的热量，通过辐射、对流等传热方式对暴露在其中的人员造成伤害；毒性对人的危害主要体现在烟气中的各类有害气体，如 CO、SO_2、HCN、NO 等能使人的呼吸系统、循环系统等身体机能受损，并导致人员昏迷、丧失行动能力直至死亡；窒息对人的危害主要体现在，燃烧消耗了室内的氧气，致使室内氧气含量低于正常空气中的含氧量；遮光对人的危害主要体现在不完全燃烧的烟气，遮蔽了光线，降低了能见度，对人员的疏散造成影响。

5.3.2.2　火灾烟气的控制方法

建筑火灾烟气控制方法主要分为防烟和排烟两个方面。防烟，是指用建筑构件或气流把烟气阻挡在某些限定区域，不让它蔓延到可对人员和建筑设备等产生危害的地方。通常实现防烟控制的方法有防烟分隔、加压送风、设置垂直挡烟板、反方向空气流等。排烟，使烟气沿着对人没有危害的路径排到建筑外部，以保证建筑和人员的安全。现代化建筑中广泛采用的排烟方法有自然排烟和机械排烟两种形式。机械排烟利用专用的风机以及管道系统将室内烟气推出至室外，具有性能稳定、效率高的特点；自然排烟则依靠烟气自身的浮力或烟囱效应自行通过排烟口流至室外。相对于机械排烟而言，自然排烟具有安装简便、成本低廉、不需专门的动力设备的特点。对于旧工业厂区建筑的重构安全规划来说，往往是将工业建筑改成民用建筑，且改造后的建筑常常作为大型公共建筑使用，这就使得自然排烟的方式不满足建筑的使用要求，也不符合现行规范的要求，故而采用机械排烟的方式更加普遍，如图 5.11 所示。

图 5.11　厂区内重构后建筑的机械排烟控制系统

5.3.2.3　防烟分区的定义与划分

防烟分区是在建筑内部采用挡烟设施分隔而成，能在一定时间内防止火灾烟气向同一防火分区的其余部分蔓延的局部空间。划分防烟分区的主要原因，一是为了在火灾时，将烟气控制在一定范围；二是为了提高排烟口的排烟效果。

通常我们在建筑内设置排烟系统对发生火灾后产生的烟气，进行减轻或者消除烟气危害处理。设置了排烟系统的场所或部位应划分防烟分区，防烟分区的面积不宜大于 $2000m^2$，长边不应大于 60m；当室内高度超过 6m，且具有对流条件时，长边不应大于 75m，设在各个标准层上的防烟分区，形状相同、尺寸相同、用途相同。对不同形状和用途的防烟分区，其面积亦应尽可能一样。每个楼层上的防烟分区可采用同一套防烟、排烟设施。

5.3.3　建筑消防室内装修防火规划

随着旧工业厂区内部建筑重构水平的提高，建筑内部的装饰装修也越来越有质感。目前旧工业建筑改造的装饰工程中所采用的主要材料有石材、木材、人造板材、金属、布料、塑料制品、油漆涂料等，这些材料中包含了可燃或易燃物，增加了发生火灾的概率，因此应重视装饰工程的防火需求。

5.3.3.1　建筑材料燃烧性能等级划分

国家标准《建筑材料及制品燃烧性能分级》GB 8624—2012，将建筑内部装修材料按燃烧性能划分为 4 级，《建筑材料及制品燃烧性能分级》2006 年版和 2012 年版标准的分级对应关系见表 5.4。

装修材料燃烧性能等级新老标准对比　　　　**表 5.4**

燃烧性能等级（2012 年版 /2006 年版）	装修材料燃烧性能
A 级 /A1、A2 级	不燃材料（制品）
B1 级 /B、C 级	难燃材料（制品）
B2 级 /D、E 级	可燃材料（制品）
B3 级	易燃材料（制品）

5.3.3.2　装饰工程防火材料选择

为了满足厂区内旧工业建筑的装饰效果，并使之满足安全的要求，需要对装饰材料进行认真的比选，在使用前可以做一些市场调研，了解装饰材料的质量和耐火性能。一些常见部位的装饰材料燃烧性能等级的划分，如表 5.5 所示。

5.3.3.3　装饰工程的防火规划

规划是装饰工程的先行工作，防火装饰规划的主要指导思想是使建筑更加安全、实用、美观。在结合既有的空间的基础上，尽可能降低既有建筑发生火灾的风险。现行规范《建筑内部装修设计防火规范》GB 50222—2017 中对单层、多层民用建筑内部各个部位装修材料的燃烧等级进行了规定，如表 5.6 所示，在进行防火规划时一定要严格遵守规范的要求，要选择安全的材料，杜绝给建筑留下隐患。

常用建筑内部装修材料燃烧性能等级划分　　表 5.5

材料性质	级别	材料举例
各部位材料	A	花岗石、大理石 / 水磨石、水泥制品、混凝土制品、石膏板、石灰制品、黏土制品、玻璃、瓷砖、马赛克、钢铁、铝、铜合金等
顶棚材料	B1	纸面石膏板、纤维石膏板、水泥刨花板、矿棉装饰吸声板、玻璃棉装饰吸声板、珍珠岩装饰吸声板、难燃胶合板、难燃中密度纤维板、岩棉装饰板、难燃木材、铝箔复合材料难燃酚醛胶合板、铝箔玻璃钢复合材料等
墙面材料	B1	纸面石膏板、纤维石膏板、水泥刨花板、矿棉板、玻璃棉板、珍珠岩板、难燃胶合板、难燃中密度纤维板、防火塑料装饰板、难燃双面刨花板、多彩涂料、难燃墙纸难燃墙布、难燃仿花岗岩装饰板、氯氧镁水泥装配式墙板、难燃玻璃钢平板、PVC 塑料护墙板、轻质高强复合墙板、阻燃模压木质复合板材、彩色阻燃人造板、难燃玻璃钢等
	B2	各类天然木材、木制人造板竹材、纸制装饰板、木具贴面板、印刷木纹人造板、塑料贴面装饰板、聚酯装饰板、复塑装饰板、素纤板、胶合板、无纺贴墙布、天然材料壁纸、人造革等
地面材料	B1	硬质 PVC 塑料地板、PVC 卷材地板、木地板氯纶地毯等
	B2	半硬质 PVC 塑料地板、PVC 卷材地板、木地板氯纶地毯经阻燃处理的各类难燃织物等
装饰织物	B1	经阻燃处理的各类难燃织物等
	B2	纯毛装饰布、纯麻装饰布、经阻燃处理的其他织物等
其他装饰材料	B1	聚氯乙烯塑料、酚醛塑料、聚碳酸酯塑料、聚四氟乙烯塑料、三聚氰胺、脲醛塑料、硅树脂塑料装饰型材、经阻燃处理的各类织物等。另见顶棚材料和墙面材料中的有关材料
	B2	经阻燃处理的聚乙烯、聚丙烯、聚氨稀、聚氨酯、聚苯乙烯、玻璃钢、化纤织物、木制品等

单层、多层民用建筑内部各个部位装修材料的燃烧等级要求　　表 5.6

序号	建筑物及场所	建筑规模、性质	装修材料燃烧性能等级							
			顶棚	墙面	地面	隔断	固定家具	装饰织物		其他装饰材料
								窗帘	帷幕	
1	观众厅、会议厅、多功能厅、等候厅等	每个厅建筑面积＞400m²	A	A	B1	B1	B1	B1	B1	B1
		每个厅建筑面积≤400m²	A	B1	B1	B1	B2	B1	B1	B2
2	体育馆	＞3000 座位	A	A	B1	B1	B1	B1	B1	B2
		≤3000 座位	A	B1	B1	B1	B2	B2	B1	B2
3	商店的营业厅	每层建筑面积＞1500m² 或总建筑面积＞3000m²	A	B1	B1	B1	B1	B1	—	B2
		每层建筑面积≤1500m² 或总建筑面积≤3000m²	A	B1	B1	B1	B2	B1	—	—

续表

序号	建筑物及场所	建筑规模、性质	装修材料燃烧性能等级							
			顶棚	墙面	地面	隔断	固定家具	装饰织物		其他装饰材料
								窗帘	帷幕	
4	宾馆、饭店的客房及公共活动用房等	设施送回风道（管）的集中空气调节系统	A	B1	B1	B1	B2	B2	—	B2
		其他	B1	B1	B2	B2	B2	B2	—	—
5	养老院、托儿所、幼儿园的居住及活动场所	—	A	A	B1	B1	B2	B1	—	B2
6	教学场所、教学实验场所	—	A	B1	B2	B2	B2	B2	B2	B2
7	纪念馆、展览馆、博物馆、图书馆、档案馆、资料馆	—	A	B1	B1	B1	B2	B1	—	B2
8	存放文物、纪念展览物品、重要图书、档案、资料的场所	—	A	A	B1	B1	B2	B1	—	B2
9	歌舞娱乐场所	—	A	B1	B1	B1	B1	B1	B1	B1
10	A、B级电子信息系统机房及装有重要机器、仪器的房间	—	A	A	B1	B1	B1	B1	B1	B1
11	餐饮场所	营业面积 > 100m²	A	B1	B1	B1	B2	B1	—	B1
		营业面积≤ 100m²	B1	B1	B1	B2	B2	B2	—	B2
12	办公场所	设置送回风道（管）的集中空气调节系统	A	B1	B1	B1	B2	B2	—	B2
		其他	B1	B1	B2	B2	B2	—	—	—
13	其他公共场所	—	B1	B1	B2	B2	B2	—	—	—
14	住宅	—	B1	B1	B1	B1	B2	B2	—	B2

5.3.4 建筑消防安全疏散规划

5.3.4.1 安全疏散线路的布置与疏散设施

对旧工业厂区进行再生重构时，为了充分利用建筑内部的空间，往往会出现内部增层的情况。对于重构后增层的多层旧工业建筑，在进行消防安全疏散规划时，就需要规划好火灾时人员的疏散路线。通常来讲，一旦建筑内某一空间发生了火灾，人员的疏散线路基本和烟气流动的流线相同，即房间—走廊—前室—楼梯间。因此为了保障人员的疏散安全，疏散线路上的布置一般是按照路线上各个空间的防火防烟等级提高的，即下一个空间单元的安全性要比上一个空间的高，故走廊就被称为第一安全分区，前室为第二安全分区，楼梯间为第三安全分区。一般来说，进入到了第三安全分区，即可认为达到了相当安全的地方。某旧工业厂区安全分区规划示意图，如图 5.12 所示。

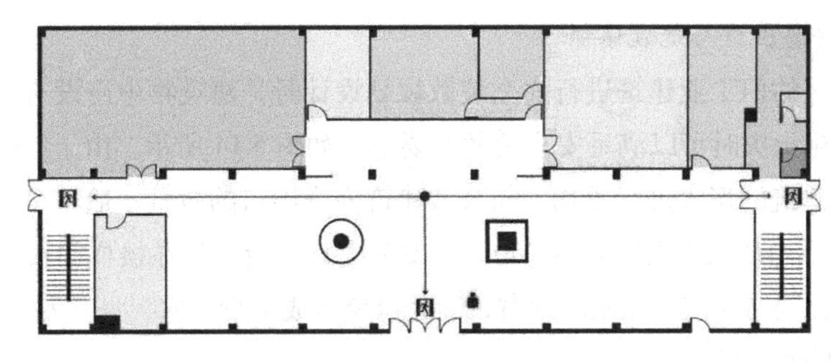

图 5.12　某旧工业厂区建筑安全分区规划示意图

5.3.4.2　安全疏散时间与安全疏散距离

火灾发生初期，人们并不能即刻感知，存在一个感知时间，这个感知时间称为疏散行动前的决策反应时间。在疏散行动开始后，人员进入疏散运动阶段，这个时间称为疏散行动时间。从人们感知到火灾发生，从建筑内完全撤离至安全区的时间，统称为建筑物的允许疏散时间 ASET，如图 5.13 所示。对于厂区内重构的旧工业建筑来说，允许疏散时间一般不长，仅有几分钟时间。所以在规划重构设计时，对于厂区内一、二级耐火的公共建筑，允许疏散时间可定为 6min，而对厂区内三、四级耐火等级的建筑物允许疏散时间定在 2 ~ 4min。

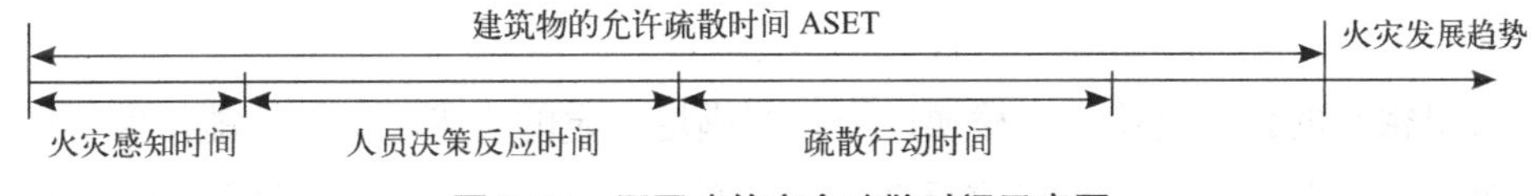

图 5.13　厂区建筑安全疏散时间示意图

火灾发生时，抵达安全区距离的长短，将直接影响到疏散所需时间。因此为了满足允许疏散时间的要求，在规划设计时应合理规划房间到安全出口允许的最大距离，从实际出发，确定允许疏散距离。此外，我国《建筑设计防火规范》GB 50016-2014 对最大安全疏散距离做出了规定，如表 5.7 所示。

直接通向疏散走道的房间疏散门至最近安全出口的最大距离（单位：m）　　表 5.7

名称	位于两个安全出口之间的疏散门			位于袋形走道两侧或尽端的疏散门		
	耐火等级			耐火等级		
	一、二级	三级	四级	一、二级	三级	四级
托儿所、幼儿园	25.0	20.0	—	20.0	15.0	—
医院、疗养院	35.0	30.0	—	20.0	15.0	—
学校	35.0	30.0	—	22.0	20.0	—
其他民用建筑	40.0	35.0	25.0	22.0	20.0	15.0
建筑内的观众厅、展览厅、多功能厅、餐厅、营业厅和阅览室等，其室内任何一点至最近安全出口的直线距离不宜大于 30.0m						

5.3.4.3　安全出口与疏散楼梯

旧工业厂区的旧工业建筑进行安全疏散规划设计时，建筑物中应设有较多的安全出口，以保证发生火灾时可以满足安全疏散的要求，如图 5.14 所示。由于厂区内的旧工业建筑多以公共建筑的形式进行重构，而公共建筑安全出口的数量一般不少于 2 个，并且每个疏散门的平均疏散人数不超过 250 人；安全出口一般规划在楼梯间或者是室外楼梯出入口位置，需要在明亮、显眼的地方，同时避免造成杂物堵塞，一旦发生意外事件时，能够实现人员的高效转移。

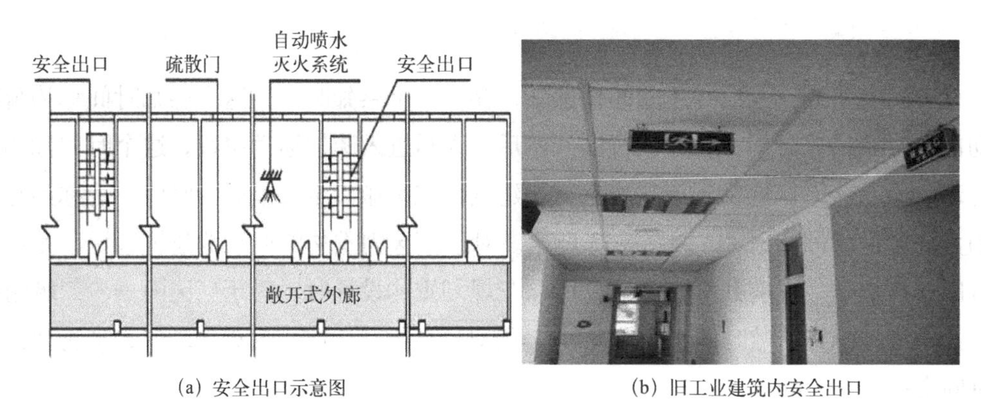

(a) 安全出口示意图　　(b) 旧工业建筑内安全出口

图 5.14　安全出口的再生重构设计

在人员密集的公共建筑中，楼梯设置需要满足一定的要求，这样才能够实现高效的人员疏散。如，将靠近标准层或者是防火分区的两端位置都设置楼梯间或者室外楼梯，可以实现人员的双向疏散，加快疏散的速度；需要在电梯间的附近设置相应的疏散楼梯，为了人员安全有效地实现疏散；需要在靠近外墙的位置，设置疏散楼梯，确保实现安全疏散的最大效益，还能够便于消防人员开展救援工作，如图 5.15 所示。

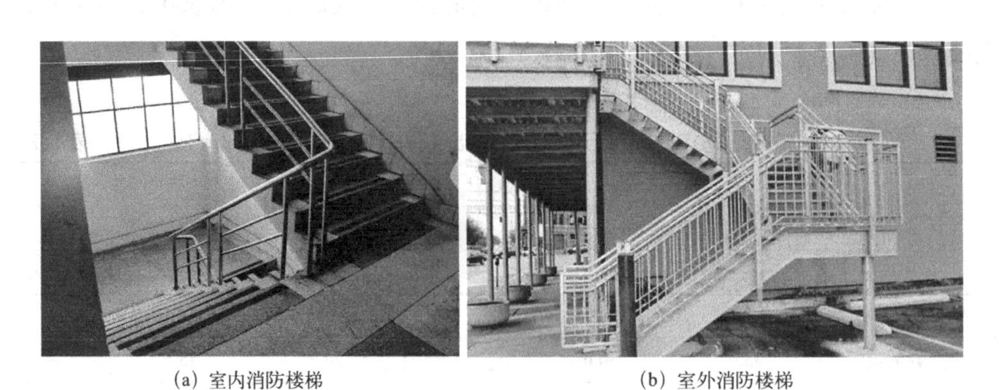

(a) 室内消防楼梯　　(b) 室外消防楼梯

图 5.15　安全疏散楼梯的再生重构设计

5.4 消防再生重构消防系统规划

5.4.1 建筑消防灭火系统规划

5.4.1.1 消火栓系统规划

我国现行的相关建筑消防法规中规定，室外消火栓给水系统设置场所有：城镇、居住区及企事业单位；厂房、库房及民用建筑；易燃、可燃材料露天、半露天堆场；汽车库、修车库和停车场等。

对室外消火栓给水系统来说，在对厂区进行规划设计时除了要考虑建筑物的用途功能、体积、耐火等级、火灾危险性等因素，还要合理地计算分析室外消防灭火系统的数量及流量，增强室外消火栓的灭火能力，如图 5.16 所示。

图 5.16 室外消火栓系统

室内消火栓给水系统由水枪、水带、消火栓、消防水喉、消防管道、消防水池、水箱、增压设备和水源等组成，如图 5.17 所示。我国现行的相关建筑消防法规中规定，室内消火栓给水系统设置场所包括：高层公共建筑和建筑高度不超过 21m 的住宅建筑；特等、甲等剧场，超过 800 座位的其他等级的剧场、电影院以及超过 1200 座位的礼堂、体育馆等单、多层建筑；面积超过 300m^2 的厂房和仓库；建筑高度大于 15m 或体积大于 10000m^3 的办公建筑、教学建筑和其他单、多层建筑。

5.4.1.2 自动喷水灭火系统规划

（1）自动喷水灭火系统

自动喷水灭火系统是一种能够在火灾发生时自动启动并喷水达到灭火效果，同时发出火警信号的灭火系统。它具有工作性能稳定、适应范围广、安全可靠、控火灭火成功率高、维修简便等优点，可用于各种建筑物中允许用水灭火的保护对象和场所。如图 5.18 所示。

图 5.17 室内消火栓系统

图 5.18 自动喷水灭火系统广泛用于各类民用建筑之中

自动喷水灭火系统由洒水喷头、报警阀组、水流报警装置（水流指示器或压力开关）等组件，以及管道、供水设施组成。按规定技术要求组合后的自动喷水系统，应具备在火灾初期阶段自动启动喷水、灭火或控制火势的功能。因此，此类系统的功能是扑救初期火灾，其性能应符合现行规范《自动喷水灭火系统设计规范》GB 50084—2017 的规定。

（2）自动喷水灭火系统的选择

1）闭式自动喷水灭火系统

喷头的感温闭锁装置只有在预定的温度环境下才会脱落，开启喷头。因此，在发生火灾时，这种喷水灭火系统只有处于火焰之中或临近火源的喷头才会开启灭火。闭式系统包括湿式系统、干式系统、预作用系统、重复启闭灭火系统等。

2）开式自动喷水灭火系统

该系统采用的是开式喷头，开式喷头不带感温闭锁装置，处于常开状态，发生火灾时，火灾所处的系统保护区域内的所有开式喷头一起喷水灭火。开式系统包括雨淋系统、水幕系统。

系统分类及不同自动喷水灭火系统使用场所与特殊要求，如表 5.8 所示。

系统分类及自动喷水灭火系统使用场所与特殊技术要求　　　　表 5.8

系统分类		火灾类型
闭式系统	湿式系统	环境温度不低于 4℃且不高于 70℃的建筑及场所
	干式系统	环境温度低于 4℃或高于 70℃的建筑及场所
	预作用系统	系统处于准工作状态时，严禁滴漏及误动作，不允许有水渍损失的场所。目前多用于保护档案、计算机房、贵重纸张和票据等场所
	重复启闭式系统	火灾停止后必须及时停止喷水的，复燃时再喷水灭火或需要减少水渍损失的场所，贵重纸张或重要票据的场所
开式系统	雨淋系统	①闭式喷头开放不能及时使喷水有效覆盖着火区域的严重危险级场所，如摄影棚、舞台的葡萄架下部、有易燃材料的景观展厅等 ②因净空超高，闭式喷头不能及时启动的场所
	水幕系统	①作为防火分隔措施，如建筑中开口尺寸等于或小于 15m（宽）×8m（高）的孔洞和舞台的保护 ②用于防火卷帘的冷却

（3）闭式自动喷水灭火系统的设置场所

从防灾的效果来看，凡发生火灾是可以用水灭火的场所，均可以采用闭式自动喷水灭火系统。而在我国现行的规范《自动喷水灭火系统设计规范》GB 50084—2017 中，将火灾危险性等级分为了四类，分别是：轻危险级、中危险级、严重危险级、仓库危险级，规范对这四类不同危险性等级的建筑做出了设置场所分类，按照“实事求是”和“有的放矢”的原则，根据各自的实际情况选择适宜的系统和确定其火灾危险等级。

5.4.1.3　灭火器材规划

灭火器是一种移动式应急灭火器材，使用时在其内部压力作用下，将所充装的灭火剂喷出，以扑救初期火灾，灭火器的结构简单，操作轻便灵活，广泛用于各种场所，如图 5.19 所示。

图 5.19　厂区再生重构之后常见的灭火器材

灭火器配置数量基本准则是，一个灭火器配置场所计算单元的灭火器配置数量不宜少于2具，一个灭火器设置点的灭火器数量不宜多于5具。灭火器应该设置在显眼的地方且灭火器的指示标志应朝外，便于人们发现、使用。

灭火器的灭火性能是用灭火级别来表示的，如1A、55B、70B等。其中，数字表示灭火级别的大小，数字越大，灭火等级越高，灭火能力越强；字母表示灭火级别的单位和适合扑救的火灾种类，具体如表5.9所示。

各灭火级别适用扑救火灾种类　　表5.9

火灾种类	燃烧物质
A	含碳固体可燃物，如木材、棉、麻、毛、纸张等
B	甲、乙、丙类液体，如煤油、汽油、甲醇、乙醚、丙酮等
C	可燃气体，如煤气、天然气、甲烷、乙炔、氢气等
D	可燃金属，如钾、钠、镁、铝镁合金等
E	带电火灾

按照表5.9，可以看出各个场所中发生火灾的种类不同，灭火器种类的选择也会存在不同。一般A类火灾场所应选择水型灭火器、磷酸铵盐干粉灭火器、泡沫灭火器或卤代烷灭火器；B类火灾场所应选择泡沫灭火器、碳酸氢钠干粉灭火器 、磷酸铵盐干粉灭火器、二氧化碳灭火器、灭B类火灾的水型灭火器或卤代烷灭火器；极性溶剂的B类火灾场所应选择灭B类火灾的抗溶性灭火器；C类火灾场所应选择磷酸铵盐干粉灭火器、碳酸氢钠干粉灭火器、二氧化碳灭火器或卤代烷灭火器；D类火灾场所应选择扑灭金属火灾的专用灭火器；E类火灾场所应选择磷酸铵盐干粉灭火器、碳酸氢钠干粉灭火器、卤代烷灭火器或二氧化碳灭火器，但不得选用装有金属喇叭喷筒的二氧化碳灭火器。

5.4.2 建筑消防排烟系统规划

5.4.2.1 自然防排烟设施规划

自然排烟是利用火灾产生的热压，通过可开启的外窗、排烟窗，包括在火灾发生时破碎玻璃以打开外窗或敞开的阳台、凹廊，把烟气排至室外的排烟方式。这种方式经济、简略、易操作，不使用动力以及专用设备，平时兼作换气使用，火灾时不需要启动设备，可靠性好，在非强迫性要求采用机械排烟方式时可以优先考虑这种排烟方式。但是，在设计时必须充分考虑有效开启部位的面积，保证有效的排烟功能，如图5.20所示。

(a) 带形自然排烟

(b) 排烟窗自然排烟

图 5.20　厂区再生重构中的自然排烟方式

5.4.2.2　机械防排烟设施规划

机械排烟是利用排烟风机将火灾所产生的烟气强行抽走并排至室外，从而升高被防护区的烟气层高度。它由活动式挡烟壁或固定式挡烟壁、排烟口或带有排烟阀的排烟口、排烟防火阀、排烟道和排烟风机等组成。这种排烟方式可以补充自然排烟方式的不足，能够有效地排出疏散走道、着火房间的烟气，如图 5.21 所示。

5.4.2.3　送排烟口布置及面积规划

送排烟口的布置和截面积在很大程度上影响机械送排烟的效果。由于火灾发生时，烟气层浮在房间的上部，因此排烟口应设在顶棚上面或接近顶棚的高度。排烟口位置过低会吸入室内下部的空气，使排烟量减少。同时排烟口的风速不宜过大（一般不宜大于 10m/s），否则会卷吸大量的空气，降低排烟的效果。对于大面积的房间，可以分散布置多个排烟口。排烟口距离房间最远点的水平距离不宜大于 30m，排烟口的位置不宜太靠近疏散出口，一般离排烟口的位置不小于 1.5m，在排烟通道中，条缝形排烟口对火灾烟气的排除效果较好。通常排烟口的最小面积一般不小于 $0.04m^2$，在设置排烟口时，注意应使排烟方向与人员疏散方向相反，常见的排烟口设置如图 5.22 所示。

图 5.21　机械排烟的示意图

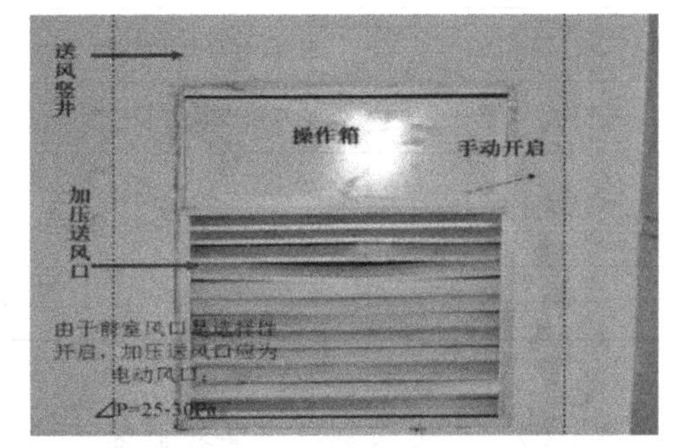

图 5.22　送排烟口设置的示意图

5.4.3　建筑火灾自动报警控制系统规划

火灾自动报警系统，用于尽早探测初期火灾并发出报警，以便采取相应措施。

5.4.3.1　火灾自动报警系统简介

火灾自动报警系统是消防系统中不可缺少的组成部分，根据建筑物的重要性、发生火灾的危险性及有关消防法的要求，规划合理与有效的自动报警系统设计是十分必要的工作，如图 5.23 所示。

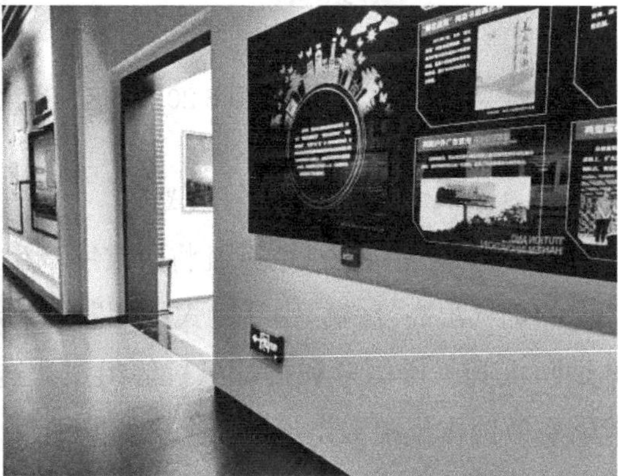

图 5.23　厂区再生重构之后安装的火灾自动报警系统

火灾自动报警系统主要由触发装置、火灾报警装置、火灾警报装置及电源四部分组成，系统主要涉及内容如表 5.10 所示。

火灾自动报警系统主要涉及内容　　表 5.10

设备名称	内容
报警设备	火灾自动报警控制器、火灾探测器、手动报警按钮与紧急报警设备、可燃气体探测系统、火灾监控系统等
通信设备	应急通信设备、对讲电话、应急电话等
广播系统	火灾事故广播设备
灭火设备控制	喷水灭火系统的控制，室内消火栓灭火系统的控制，泡沫、气体等管网灭火系统的控制
消防联动设备与控制	防火门、防火卷帘的控制，防排烟风机、排烟阀的控制，空调、通风设施的紧急停止，联动的自动灭火系统与电梯控制监视等
避难设备	应急照明装置、诱导灯与避难层等

5.4.3.2　火灾探测及报警控制器规划

（1）火灾探测器

火灾探测器是火灾自动报警系统和灭火系统最基本和最关键的部分之一，是整个报警系统的检测元件，它的工作稳定性、可靠性和灵敏度等技术指标直接影响着整个消防系统的运行。

多数再生重构的旧工业建筑的火灾探测器多为感温、感烟、感光、复合式，如图 5.24 所示。其中感温火灾探测器，是对警戒范围内某一点或某线段周围的温度参数（异常高温、异常温差和异常温升速率）敏感响应的火灾探测器。感烟火灾探测器，是一种响应燃烧或热介产生的固体或液体微粒的火灾探测器。由于它能探测物质燃烧初期在周围空间所形成的烟雾浓度，因此它具有非常良好的早期火灾探测报警功能。感光火灾探测器（火焰探测器或光辐射探测器）是一种能对物质燃烧火焰的光谱特性、光照强度和火焰的闪烁频率敏感响应的火灾探测器。它能响应火焰辐射出的红外、紫外和可见光，因此其可以在不受环境气流影响的情况下，做到精准探测，快速响应。复合式火灾探测器，是一种能响应两种或两种以上火灾参数的火灾探测器。

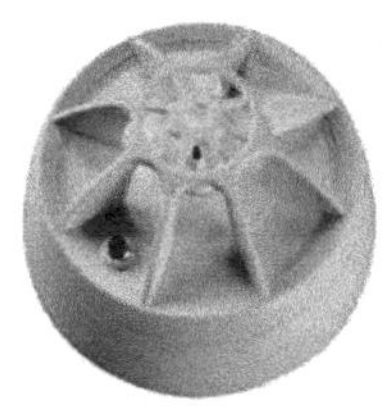

(a) 感温探测器

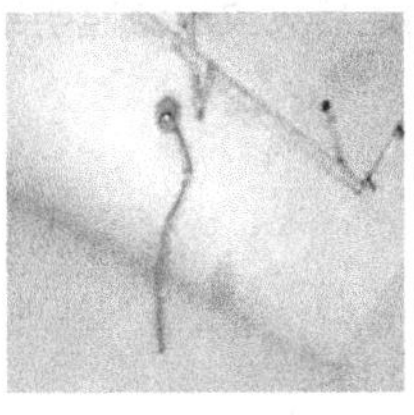

(b) 感烟探测器

(c) 感光探测器

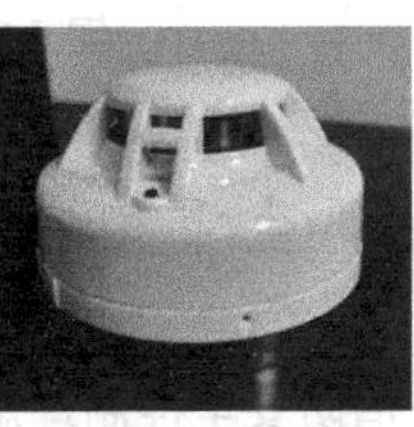

(d) 复合式火灾探测器

图 5.24　厂区再生重构之后常见的火灾探测器

(2) 火灾报警控制器

火灾报警控制器，也称为火灾自动报警控制器，用来接收火灾探测器发出的火警电信号，将此火警电信号转化为声、光报警信号，并指示报警的具体部位及时间，同时执行相应辅助控制等任务，是建筑消防系统的核心部分，如图 5.25 所示。

图 5.25　厂区再生重构规划之后常见的火灾报警控制器

5.4.3.3　火灾应急照明系统规划

完善的火灾应急照明规划，应在电源设置、导线选型与铺设、灯具选择及布置、灯具控制方式、疏散指示等各个环节严格执行相关规范，以保证在火灾紧急状态下应急照明系统能发挥应有的作用。火灾应急照明根据其功能，可分为备用照明、疏散照明和安全照明三类，如图 5.26 所示。其中备用照明是在正常照明失效的情况下继续工作，火灾时继续工作而设置的；疏散照明是为了使人员在发生火灾的情况下，能从室内安全撤离至室外或某一安全区而设置的；安全照明是在照明突然中断时，为确保处于潜在危险中的人员安全而设置的。

(a) 备用照明

(b) 疏散照明

(c) 安全照明

图 5.26　厂区再生重构之后火灾应急照明系统

5.5　消防再生重构安全控制

5.5.1　建筑消防安全控制理念

5.5.1.1　建筑消防安全控制三要素

(1) 人的要素

不安全行为基于人的心理作用。人的不安全行为是由于受到消极因素的影响，造成情绪 →行为 →后果，都以人的因素为中心形成事故链。

(2) 物的要素

在物质的系列中，不安全状态物质基于物质本身的燃烧性。物质燃烧是由可燃物→助燃物→温度（火源）→燃烧。在物质燃烧的要素中，又有各自系列因素。

可燃物的形态有气态、液态、固态三类，不同形状的物质，有其不同的火灾危害性。助燃物有天然助燃物和人造助燃物两类，天然助燃物如空气（氧）等；人造助燃物如氧、氯、高锰酸钾等氧化剂。温度（火源）有光能、电能、热能、化学能、生物能、机械能、放射能等火源因素。当可燃物挥发形成一定浓度，同助燃物、温度等三种物质聚合在一起产生燃烧。

(3) 技术的要素

设计上的缺陷，包括设计对象的使用性质与技术要求不符合、选用材料与使用要求不符合、安全技术设备不符合客观实际要求、强度计算上的错误、结构不合理、没有配套设计消防安全要求等；施工制造上的缺陷，包括施工制造不符合设计要求，施工方法不合理，工艺不满足实际要求等；维修、保养上的缺陷，由于各种设备、设施随着使用时间上的延续、磨损、耗损、老化、腐蚀、失灵等情况，使发生事故的可能性增加；操作使用技术上的缺陷，由于操作技术不熟练以及安全作业的技巧等原因，增大了发生事故的可能性；未认识到的技术问题，有些新物质还未被人们所认识或没有寻求到防止事故发生的对策技术，以致火灾发生。

5.5.1.2　建筑消防安全控制对策

建筑消防安全控制，就是由主管系统对受管系统施加主动影响，借以改善它的活动和它的状态，使“三要素”在正常状态下形成顺流运动，或中断“三要素”连锁反应，实现防止火灾发生的目的。

人、物、技术这三个方面，既是消防安全管理控制系统中的主控因素，又是受控的对象。人在消防安全管理中占据主体地位，同时又是管理控制的客体，既要靠人去管理，又要对人进行控制。当然消防安全管理控制系统是受环境影响的，应分析环境的因素，排除环境的干扰，实现管理控制目的。

人的心理活动是极其复杂的，但是有一定的规律性，因此，解决人的因素，必须从实际出发。例如对忽视安全的倾向，开展安全与生产辩证关系的宣传讨论，利用黑板报、评论、广播电视等媒体开展活动；将问题放到会议学习讨论之中，使职工能正确处理安全与生产的矛盾；开展消防法规、厂纪、厂规的教育，对违反管理制度的职工加强教育、从严处理。

5.5.2　建筑消防安全设备控制

5.5.2.1　建筑消防安全设备控制现状

我国消防法规定对建筑消防设备应定期组织检验、维护，确保消防设备完好有效。通过大量的实践调查发现，我国的消防设备存在自然老化、使用性和耗用性老化、产品可靠性变差、受不良环境因素影响或因管理不善人为损坏或关闭，系统缺乏日常维护致使系统出现小的缺陷不能及时处理等情况。很多早期建筑的消防设备缺失问题严重，新建建筑物虽然按照要求安装了消防设施，但很多都是表面工程用来应付检查，实际火灾预防能力并不达标。以上问题具体体现在以下几个方面：

（1）缺乏第三方监督

现有的管理模式主要为物业单位进行设备的日常维护和管理，消防技术服务定期对消防设施进行检测，这种模式受管理人员和技术人员的素质和责任意识因素影响较大，缺乏第三方的监督。

（2）设备老化

大多数建筑具有建筑消防设施，但是由于老化设备损坏或者人为因素导致设备不可用，比如，因为报警系统误报警而人为关闭，因人员疏忽或缺乏消防设备管理知识使消防水泵出水口阀门关闭等。

（3）人员素质

建筑消防设施涉及建筑自动化、电力电子等各方面的知识，管理及维护人员必须具备多方面的知识才能胜任工作，而很多管理维护人员不具备这些素质，仅仅从表面现象对消防设施正常与否进行判断，增加了火灾的隐患。

5.5.2.2 建筑消防安全控制方式对策

消防设备的工作状态对人民生命财产安全起着极其重要的作用，所以要针对不同的消防设备有针对性地进行安全控制。

（1）火灾自动报警系统的安全控制

火灾报警系统的安全控制要做到系统技术资料齐全并建立完善的技术档案，具有严格的管理制度和操作规程，配备专门操作管理及维护人员定期检查维护等。对于探测器要经常进行维护保养，检查外形及底座是否损坏，每月抽查进行烟雾试验。检测探测器的灵敏度是否达标，每年对探测器进行清洁并对其接线端子进行紧固。对于火灾报警装置按照实验检查制度执行，在保证外观完好的前提下，确保系统处于正常工作状态。每个季度都要对探测器、电源、报警系统、联动控制系统进行功能性试验。

（2）固定灭火系统设备的安全控制

固定灭火系统的设备主要包括自动喷水灭火系统、气体自动灭火系统、泡沫灭火系统、干粉灭火系统，其中自动喷水灭火系统是目前使用最广泛的，特别是在火灾危险性较大的建筑物中。

自动喷水系统的设备的安全控制要求每天对系统的供水控制阀、报警控制阀、喷头、报警控制器等进行外观检查和位置矫正，确保系统处于无故障状态；每月对喷头进行清洁，对消防存储水池水位、控制阀门状态、水泵接合器的接口及附件、消防水泵进行检查，并对水流指示器进行功能试验；每季度对报警阀进行一次功能试验；每年对水源的供水能力进行一次测定并进行模拟火警试验，以检验火灾发生时系统能够迅速开通并投入灭火作业，试验中要观察阀门的开启性能和密封性能，检查流动水压是否达标，观察系统中各个部件的联动性能，以便发现问题及时解决。

5.5.3 建筑消防安全制度控制

5.5.3.1 建立消防安全制度

建立消防安全制度可以提升单位中工作人员对安全消防工作的认知，也可以调动消防人员工作的积极性，为厂区再生重构营造良好的消防工作氛围。同时，消防安全制度的建立可以帮助工作人员及时发现建筑内部存在的安全隐患，促进重构建筑的长久发展。常见的消防安全制度，如图 5.27 所示。

5.5.3.2 建立消防安全宣传制度

建立消防安全宣传制度是指消防部门为避免火灾发生，对人们进行防火、逃生、自救等方面的知识宣传，增强人们的防火意识和火灾中的自救能力，如图 5.28 所示。

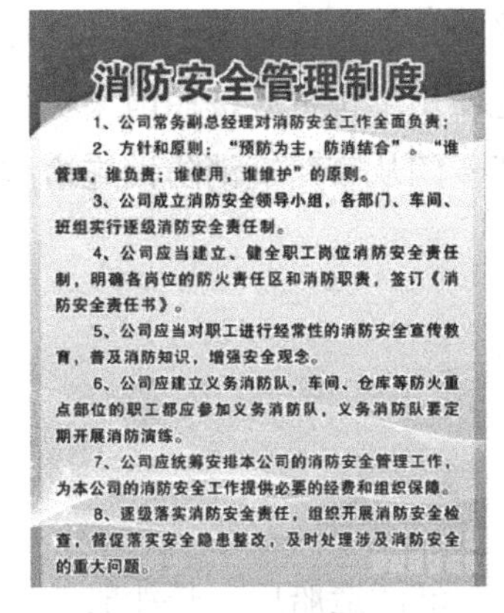

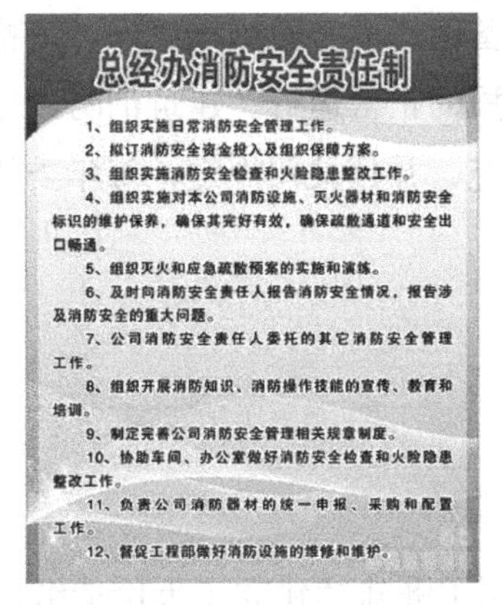

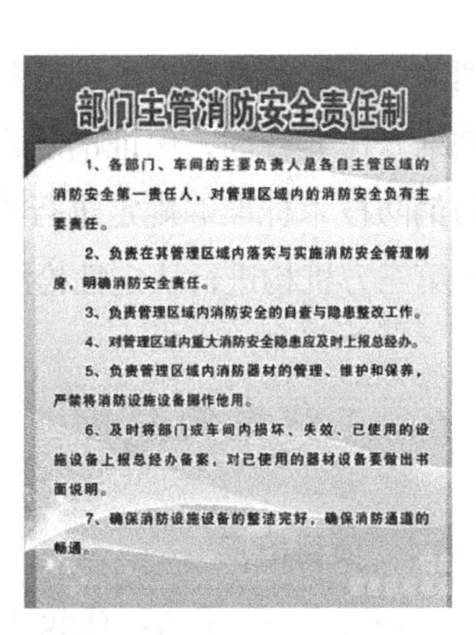

图 5.27　厂区再生重构之后旧工业建筑内常见消防安全制度

图 5.28　常见消防宣传安全栏

(1) 可以定期开展消防安全培训教育活动，充分利用资源，包括板报、广播、广告、安全指示牌、消防机构等，切合实际地对消防安全知识进行宣传。

(2) 号召单位内部消防员工参与灭火与疏散演练，提高员工认真工作的积极性并参与“消防日”的安全管理活动。

(3) 切实开展消防安全教育工作，将消防安全工作落到实处，依据单位内部的运行基本情况，优先挑选出需要培训的工作人员，通过针对性的培训活动，提高单位内部消防人员工作技能。

5.5.3.3　建立消防器材维护制度

旧工业厂区内的既有建筑，在重构后需要更加细致地进行维护。而建筑之中的消防设施存在自然老化、性能老化、人为破坏或关闭、出现问题不能及时处理等情况，建立建筑消防设施维护制度，是确保建筑消防设施系统长期保持正常运行状态，持久有效地发挥作用的保证。

建立消防器材维护制度，首要的就是落实责任制，以“谁主管、谁负责”的原则来维护消防设施，并明确责任，落实到人。此外，重构建筑的使用管理者应与经省级以上消防监督机构审查、批准的具备建筑消防设施维修保养资格的企业签订建筑消防设施定期维修保养合同，保证消防设施的正常运行。建筑消防设施使用单位也应按照国家现行的消防技术标准的规定进行检查，并且按照规定，每年委托专门从事建筑消防设施检测的第三方机构进行认定性检测。

5.6 工程案例分析

5.6.1 项目概况

20 世纪 40 年代，在长沙橘子洲陆续建立了天伦造纸厂、湘江造船厂、长沙船舶厂等工厂，形成了早期的橘子洲工业区。20 世纪 80 年代，湖南省政府开始着手建立橘子洲风景区，将在橘子洲发展了 40 多年的天伦造纸厂迁出橘子洲，于是在橘子洲内留下了一批工业建筑，之后对其中的旧工业建筑进行了再生重构设计。橘子洲原天伦造纸厂，其总面积达到 2800m^2，由两幢独立的车间组成，原是该厂的酿纸车间，但是较为完整的建筑仅剩一栋两层楼房，该建筑为砖混结构。两间厂房改造为长沙橘子洲的“长株潭两型社会展览馆”，如图 5.29 所示，改造面积 2800m^2，于 2011 年 3 月完成，是全国首个以资源节约型、环境友好型社会建设为主题的展览馆。

(a) 天伦造纸厂旧貌

(b) 重构后的天伦造纸厂

图 5.29　天伦造纸厂重构前后对比

橘子洲内部的建筑群，建造年代久远，建筑内部的原貌几乎已经无法考证，但在改造前，对天伦造纸厂的旧址进行了加固改造，2010 年 11 月 24 日，第一次加固完工。2011 年 3 月 19 日整体加固装修完毕，其中加固设计方案由湖南大学完成。在天伦造纸厂改造具体规划中，考虑到建成的展览馆不能破坏外围环境，要充分与岳麓山、杜甫江阁等古建筑遗迹相融合，并与整个橘子洲公园氛围相协调。因此，首先对造纸厂 1 号、2 号建筑（内部人员称东、西馆）进行环评。在确定有较好效果后，再对局部进行设计，主要原则是尽量充分利用原有设施，保持原有道路不变，增加排水管。

在建筑空间的分布上，因天伦造纸厂改造区域面积有限，最终将展览馆展区分“国家战略”“顶层设计”“阶段成果”“未来展望”四个篇章，通过文字、图片、影音、实物、模型等形式规划有限的改造区域，两层之间通过自动扶手电梯连接，并在一楼设置展览馆大厅，如图 5.30 所示。

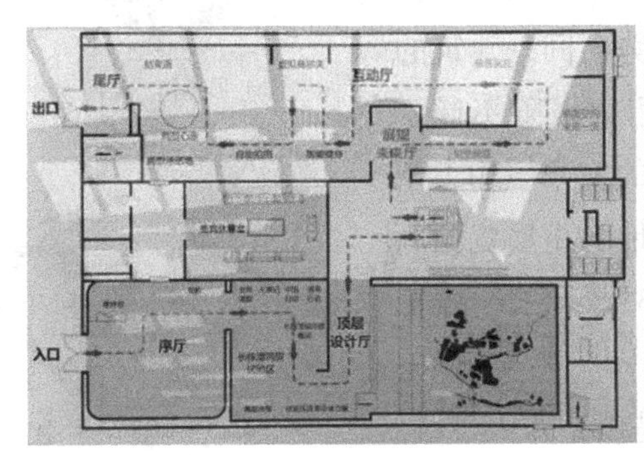

(a) 展览馆一层分布示意图

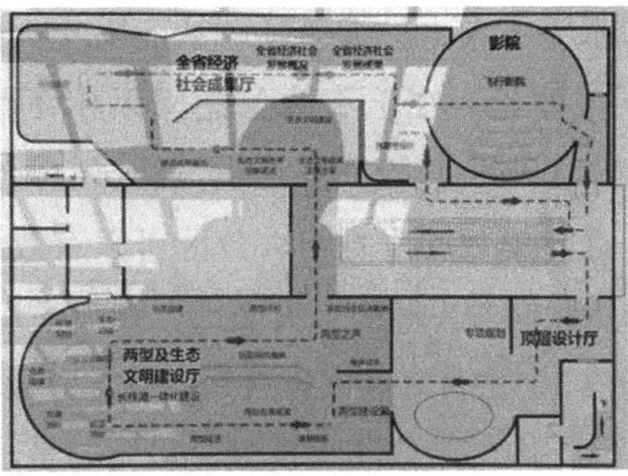

(b) 展览馆二层分布示意图

图 5.30　长株潭两型文化展览馆分布示意图

5.6.2　消防再生重构规划

5.6.2.1　室外环形消防车道规划

由于原厂区内只是对 1 号、2 号建筑进行了再生重构的改造，所以在拆除了厂区内部分建筑之后，整体容积率就降低了，这就为用于改造的展览馆提供了充裕的空间，再加上规划设计之初就本着忽视容积率，重视绿化率的方针，所以给建设环形消防车道的设置带来便利，如图 5.31 所示。为了体现旧工业建筑再生重构的特点，在设置的环形车道外，重构了绿化环境，将之前从工厂设备上拆除下来的零件做成了富有特色的建筑小品，在保证了绿化率和旧工业建筑特色的同时，并没有过分地占用消防车道，如图 5.32 所示。

图 5.31　长株潭两型文化展览馆外环形消防车道

图 5.32　长株潭两型文化展览馆外绿化小品

5.6.2.2 防火分区规划

展览馆的一、二层的房间分隔都使用了具有较高耐火极限的墙体，把这一类分隔墙作为一个区域的边界构件划分出来，从而形成了展览馆内部的防火分区。由于防火分区的面积都不大，所以这样的划分可以在一定时间内防止火灾在水平方向上扩大蔓延，从而阻止火势向同一建筑的其他区域蔓延。在上下两层之间采用了耐火极限不低于1.50h或1.00h的楼板，并且上下两层之间的窗户墙均大于1.2m，这样规划的垂直防火分区可以有效地防止展览馆内部层与层之间发生竖向火灾蔓延，如图5.33所示。

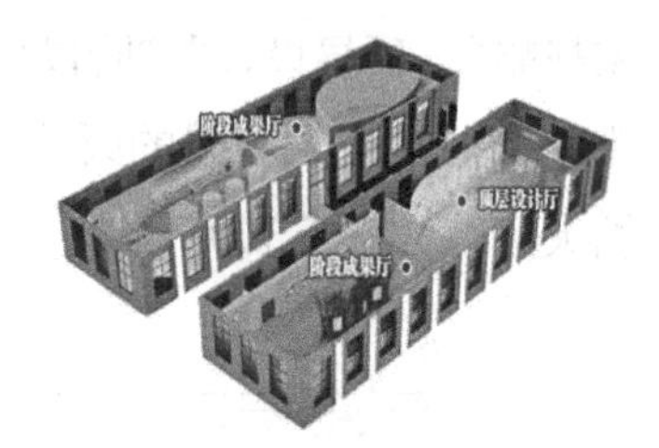

(a) 展览馆二层防火分区

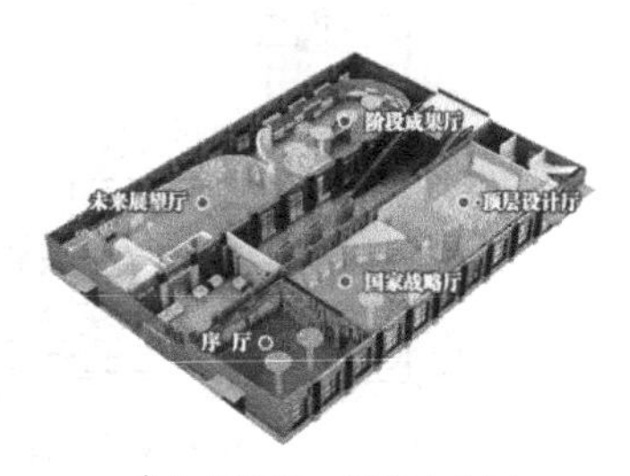

(b) 展览馆一层防火分区

图5.33 长株潭两型文化展览馆防火分区图

5.6.2.3 室内装修防火规划

展览馆内部装修防火规划，采用的多是新型防火材料。涂料选用了饰面型防火涂料，这种涂料既能起到装饰、丰富室内空间色彩的作用，也可以起到在火灾时阻止火势蔓延的作用，达到保护可燃基材的目的，如图5.34所示。

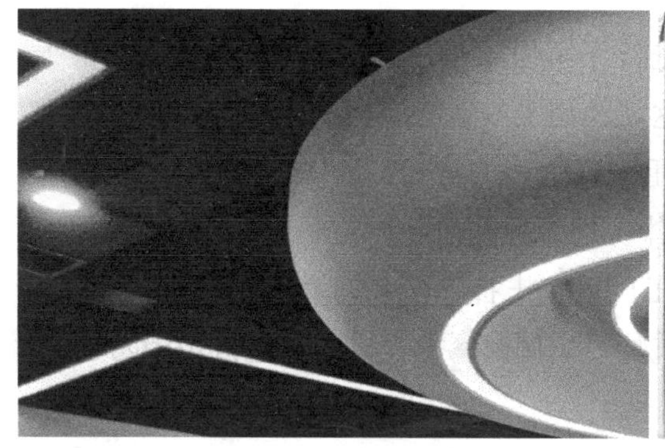

(a) 管道表面涂抹防火涂料

(b) 建筑内部涂抹防火涂料

图5.34 长株潭两型文化展览馆内部装修防火

5.6.2.4 室内消防器材规划

灭火器是展览馆内部最常见的移动式应急灭火器材，在展览馆的各个防火单元的显眼部位均设置了灭火器箱，每个灭火箱内配备两个灭火器，在数量上符合消防规划的要求。集中的灭火箱，也可有效地防止单个灭火器的丢失，如图5.35所示。

展览馆内部的防火分区内设置了消防空气呼吸器（又称防毒面具），如图5.36所示。防毒面具可以有效地过滤烟雾中烟粒子和CO等有毒气体，在发生火灾时，可以迅速戴上防毒面具保证人员安全。

图 5.35　展览馆内部灭火器

图 5.36　展览馆内部消防空气呼吸器

5.6.2.5　建筑防排烟系统规划

展览馆内部采用了自然排烟与机械排烟相结合的方式进行空气流通转换。在自然排烟方面，建筑外墙上下两层均开设窗户，由于之前工业建筑的窗户洞口尺寸较大，有利于自然排烟，所以开设窗口尺寸沿用了原建筑的，如图 5.37 所示。

图 5.37　长株潭两型文化展览馆自然排烟系统

在机械排烟方面，一、二层均设置了机械排烟设施，并且在每个展厅的内部设置多处送排烟口，如图 5.38 所示。这些送排烟规划，在平时起流通室内空气的作用，在火灾时可以作为排烟设施，减缓内部烟气的扩散速度，为人员的安全疏散创造条件。

5.6.2.6　室内自动报警系统规划

展览馆一、二层规划有火灾自动报警系统，包括了火灾探测器、火灾报警控制器等，这些报警系统的规划可以在早期发现和通报火灾，以及时采取有效的措施控制火灾，如图 5.39 所示。此外，在主要的疏散通道上，展览馆还规划了应急照明灯、安全疏散标识，在火灾发生时可为建筑内部人员提供照明和指示，如图 5.40 所示。

(a) 室外机械排烟设施

(b) 室内送排烟口

图 5.38 长株潭两型文化展览馆机械排烟系统

图 5.39 展览馆内部的火灾报警器

图 5.40 展览馆内部的应急照明灯

5.6.3 重构效果

展馆在经过整体重构后，融入了触摸屏、电子翻书、虚拟驾驶、多通道投影、多媒体、3D 弧幕影院等现代技术，既实现了传统建筑与现代科技的有机结合，同时也激发了旧工业建筑再生利用的活力。通过重构规划旧工业建筑的方式成功向人们诠释了湖南省政府对未来“两型社会”建设的思考研究、行动纲领、愿景目标。

长株潭两型文化展览馆的消防规划重构方案较为成功，重构方案综合考虑了旧工业建筑本身结构、空间性能、原材料、功能等因素，并按照现行的防火规范综合规划，达到了提升重构后旧工业建筑的防灾能力，充分展示了旧工业建筑消防重构中防火系统的特征以及消防系统再生重构的主要内容，为今后类似旧工业建筑消防系统的再生重构提供了参考。

第 6 章　环境绿色重构安全规划

6.1　环境绿色重构基础

6.1.1　厂区环境绿色重构基本概念

6.1.1.1　环境绿色重构

人类生存的环境，是指与人相对应的自然景观及人文环境的总和。从广义上讲，包括地理位置、地形地貌、社会环境等内在的一切环境因素均属于重构范围；从狭义上讲，环境重构主要是指人为造成的环境变化。

旧工业厂区环境重构是指旧工业厂区在不断更新及经济快速发展过程中，依据恢复生态学等原理，维护旧工业厂区生态平衡，避免厂区内及周边区域生态系统的破坏，促使厂区生态具备自我调和、自我恢复的能力，使人们的健康和生活不受影响，处于自然和安全的状态下。厂区环境重构可以使与厂区生活、生产等相关的生态环境及自然资源处于良好状态或免受不可恢复的破坏。

6.1.1.2　生态绿色重构

旧工业厂区环境绿色重构的重要基础是生态系统的再生，即厂区所处的生态环境不受或者少受损坏，并且能保持自我平衡、调和、恢复的状态。生态再生涉及厂区水体、土壤等的持续发展，是旧工业厂区环境绿色重构重要组成部分。

事实表明，厂区生态系统的稳定遭到破坏，使得厂区生产活动的空间大量丧失，随之产生一系列连带问题，同时也会对人们的生活与健康造成一定伤害。保障厂区环境的健康和持续发展是厂区生态再生的主要目的，是厂区生态保护的首要任务，也是致力于厂区环境绿色重构不能回避的问题。

6.1.1.3　资源绿色重构

旧工业厂区资源再生是厂区环境与生态再生的一部分，环境与生态的再生，直接表现就是厂区适宜的生活和生产环境。资源绿色重构表现为一些工业遗存的利用和文化遗产的延续，如表 6.1 所示，是一个厂区可持续发展的基本保障和基础。

资源绿色重构表现 表 6.1

项目名称	项目概况	重构效果
红星路 35 号	“红星路 35 号”前身为某军区印刷厂。改造后，西、南面 1、2 号楼分别与北面的 3 号楼共同组成半开放式围合组团。建筑南面新建户外空间作为主要入口和开放广场被打造成中国西部首个文化创意产业园“红星路 35 号”	
成都 U37 创意仓库	成都 U37 创意仓库原为成都市医药集团仓库、厂房，建筑多为 20 世纪 60 ~ 80 年代建造，极具鲜明的时代特色。自 2012 年开始，原有的废弃仓库和厂房开始改建，逐渐形成了一个特色鲜明的创意产业园区	
成都东郊记忆	东郊记忆由原成都红光电子管厂改建而成。项目在 18 万 m^2 的旧工业厂房原址改建，改造过程中保留了原有的工业建筑特色，是成都“东郊工业区”东调后唯一保留完整的老工业片区	
19 叁Ⅲ老场坊	19 叁Ⅲ老场坊的前身是上海工部局宰牲场，改成创意产业集聚区后，继承了原有的结构体系和空间关系，由于自身的历史背景和建筑特质，赋予了其独有的魅力	
西安建筑科技大学华清学院	西安建筑科技大学华清学院利用原陕西钢厂厂区改造而成。在原有厂房根底上，将此中 400 余亩厂区革新成为西建大华清校区	
姑苏·69 阁文化创意产业园	姑苏·69 阁文化创意产业园是由原苏州二叶制药有限公司老厂房修缮而成的。原老厂房共有特色建筑 69 栋，故取名“姑苏·69 阁”，为姑苏区目前最大的文化创意产业园	

6.1.2　厂区环境绿色重构主要因素

6.1.2.1　社会经济条件

社会的新需求给旧工业厂区的环境改造提供良好的社会经济条件，通过环境的绿色重构，有效利用厂区既有的场地及建（构）筑物，避免了大量兴建而造成不必要的浪费和对环境的不利影响。伴随现代社会进入知识经济时代，人们更多的是追求时间与智慧的价值，即“知识价值”的大量消费，开始追寻更高质量且有利于身心健康的生活环境和生活方式。旧工业厂区绿色重构为人们这一需求提供了选择。

文化创意产业及工业旅游业的兴起也为旧工业厂区环境绿色重构创造了良好的市场环境。而所谓的文化创意产业，就是要将抽象的文化直接转化为具有高度经济价值的“精致产业”。换言之，这就是要将知识的原创性与变化性融入具有丰富内涵的文化之中，使它与经济结合起来，发挥出产业的功能。工业旅游即是利用工业厂区特有的工业遗产进行旅游业的发展。文化创意产业的出现和工业旅游业的兴起，不仅能创造出新的现代时尚生活，而且还可以改善经济环境和社会面貌。一方面，文化创意产业和旅游业的发展，为城市创造出了时尚的文化生活环境，促进了城市创造力的提升，从而带动了经济的发展，也改善了人们的生活质量。另一方面，文化创意产业和工业旅游业可以融合旧工业厂区的特殊历史文化，使得旧工业厂区得到更大程度的价值再现。

6.1.2.2　多重价值条件

（1）文化价值

文化价值因主体和判断标准的多元性，而具有多变性、相对性和丰富性。文化价值包括了与人们生活密切相关的物质和非物质内容，以及与生活相关的生活价值。旧工业厂区的文化价值存在于原工业企业的精神、文化、理念以及留存下来的厂区环境中，同时也存在于人们的记忆、情感中，旧工业厂区的绿色重构将提供人们一个可以看得见的载体作为旧工业厂区文化价值的物质体现。

(a) 废旧坦克

(b) 工人雕像

图 6.1　工业遗存景观

传统文化的破碎与断裂往往会引起现代人的精神困惑，而旧工业厂区因其特殊的环境意象和历史人文因素，呈现出一种新的景观感受。那些破败的厂房、废墟的码头、残留在草丛中的碎石瓦片，通过设计师极富想象力的设计，将一片破碎荒凉的场地变成一个具有叙事特征、文化内涵且充满勃勃生机的城市景观。由于旧工业厂区承载着很多的历史故事，因此它的可想象性很大，设计师可以运用很多手段将这一特征更形象地表现出来，使其具有普遍的认同感与亲和力。具有文化价值的工业遗存如图 6.1 所示。

（2）社会价值

旧工业厂区环境绿色重构，与对新的工业景观的建设，体现了现代科学思想、艺术水平和人们的价值意识趋向。发掘环境绿色重构带来的工业景观的社会价值，就是以发展的眼光科学地看待旧工业厂区当时的先进技术水平，不能忽略原有的科学思想和工业设计特色，如图 6.2 所示，同时最重要的是人们的生产生活对工业景观、环境的影响，了解人们心中期盼的工业景观和适宜的环境，这样才有助于科学、正确、多维、成功地塑造适宜人群、以人为本的工业景观格局。

（a）废旧的战斗机

（b）废旧的火车头

图 6.2 留存的工业产物

（3）艺术价值

传统的美学观点认为“废弃地上的工业景观是丑陋可怕的且没有什么保留价值”。于是在进行景观设计时，要么将那些工业景象消除殆尽，要么将那些“丑陋”的东西掩藏起来。而今天艺术的概念已发生了相当大的变化，“美”不再是艺术的目的和评判艺术的标准，景观也不再意味着如画。

在工业之后的景观设计中，生锈的高炉、废旧的工业厂房、生产设备、机械，如图 6.3 所示，不再是肮脏的、丑陋的、破败的、消极的。相反，它们是人类历史上遗留的文化景观，是人类工业文明的见证。这些工业遗迹作为一种工业活动的结果，饱含着技术之美。工程技术建造所应用的材料，所造就的场地肌理，所塑造的结构形式与如画的风景一样能够打动人心。

（4）利用价值

产业的没落，使工业遗产退出了工业前线，成为不会说话的历史课本。它的再生重构潜藏着巨大的可利用价值。首先，大部分工业建筑寿命长、结构坚固，具有大跨度、大空间、层高高的特点，其建筑内部空间使用灵活，更适宜于改造成为其他功能的空间。相比新建而言，可省去主体结构及部分可利用的基础设施所花的资金，建设周期较短，

(a) 废旧生产设备

(b) 废旧工业厂房

图 6.3　旧工业元素景观

经济价值再次被释放出来，使原有的物质得到再循环。其次，旧工业厂区的环境改造在提升环境质量的同时使得该区域更具特色，而产业结构的调整势必会吸引更多的投资，给企业的发展注入新鲜的血液，同时带来多种经营方式和理念，给社会赢得很多就业的机会，使得整个社会的经济发展、经营管理和解决就业方面有一个新的突破口。同时人们在生产活动中的体现自我价值、获得应有的收入，在很大程度上使衰落的旧工业区重新复兴。旧工业建筑的再生利用如图 6.4 所示。

(a) 废旧仓库再利用

(b) 废旧厂房再利用

图 6.4　工业建筑的再生利用

6.1.2.3　思想理论条件

(1) 艺术思潮的引入

异彩纷呈的现代艺术对“美”的定义有了新的诠释：沧桑也是一种美，打动人心的也是一种美。旧工业厂区中，生锈的高炉、废旧的厂房与车间、不能运转的机器以及周围破败的环境，他们是人类历史上遗留的文化景观，也是工业文明沧桑历史的见证者，这些都是饱含技术之美的文明。如图 6.5 所示。

(a) 废弃的水塔

(b) 废旧的厂房

图 6.5 旧工业厂区中遗留物

在一些旧工业厂区的环境景观设计中，设计师尽力去传承场所的历史信息，将原来的工厂布局和厂房设备保留下来，通过精心的设计转换，使这些建（构）筑物成为场地的标志，或者成为诉说历史的教科书，使环境景观异彩纷呈。

（2）生态学理念的提倡

旧工业厂区的再生规划中，引用生态学的思想，对于促进旧工业厂区的生态恢复和景观再生具有极其重要的意义。基于生态系统的恢复和重建原理，结合景观生态学中的镶嵌理论以及生物多样性原理，对受污染的厂区环境进行合理的探索和改造，为人类营造最适宜居住的环境同时，最大限度地保护了环境的生态利益。

生态设计十分尊重原有场地的生态形态和发展的过程，从整体的空间到对生物多样性的保护和恢复，再到新能源的开发等都是在遵循生态学的基础上对其进行改造和开发。

6.1.3 厂区环境绿色重构基本原则

6.1.3.1 整体性原则

从宏观角度来看，旧工业厂区作为城市的一个特殊构成要素，与周边相关的各要素总是相互制约、相互影响。对厂区进行重构必然会引起城市经济、社会、文化与环境等多方面的连带反应，因此重构过程中，不能孤立的对旧工业厂区进行“自我修复”，应以整体视角来考量工业厂区环境绿色重构与城市各要素之间的关系，使旧工业厂区的环境绿色重构与城市整体的发展战略相契合，促进城市各系统的健康发展。

从微观角度来看，旧工业厂区自身同样是一个有机复合的整体，对旧工业厂区的环境绿色重构，要注重厂区内各要素间的相互影响，不仅要注重物质方面的重构，还要处理非物质要素的整合。在旧工业厂区环境绿色重构的同时，分梯度地开发工业建筑，延续工业文明，合理安排各个功能区块的衔接，完善厂区基础设施，创造和谐有序的环境，促进厂区的可持续发展。

6.1.3.2　文脉延续原则

旧工业厂区是城市发展的见证，承载着无数珍贵记忆，具有独特的“工业精神”，是城市文化中宝贵的财富，如图 6.6 所示，是原厂区中遗留的构件。

(a) 废旧战斗机

(b) 废旧建筑物

图 6.6　厂区工业遗存物

对旧工业厂区历史文脉进行深层次的挖掘，并加以合理的传承与发展，这不仅是城市文脉的延续，同时也是城市文化多样性的诉求。在旧工业厂区环境绿色重构中应充分考虑原有空间环境与文化环境的延续。在空间延续上，要重视区域环境与厂区环境、单体建筑与建筑群之间的延续；在空间秩序上，重构后的厂区要与周边肌理相呼应；在空间形态上，要延续原有界面的肌理表达，保持空间的连续。

6.1.3.3　人性化原则

人性化原则就是以人为核心来协调各方关系的一种理念，是人本思想的体现。脱离了人的城市环境是没有意义的，良好的环境应体现出对人的足够尊重，给予人们生理需求及心理需求足够的重视。如图 6.7 所示，高耸入云的烟筒、管道横行的大厂房、铁质的楼梯等，往往这些空间会让人感到局促不安。因此，在旧工业厂区的安全规划中，要依据空间使用者的需求，对空间的秩序、形态、功能以及场所文脉等内容给予人性化的关怀，使设计后的新空间蕴含人情味。

6.1.3.4　可持续原则

近年来，随着污染的加重、环境质量的下降，人们对生态环境的关注持续增加，环境的可持续发展设计也成了城市规划、建筑设计中的重要环节。旧工业厂区环境绿色重构应对城市整体环境及周边地区环境给予充分考虑，合理利用厂区及周边既有资源，并结合先进的科学技术，在提高资源利用率、降低建筑能耗的同时，能够有效节约能源，维护城市生态系统的正常运转，促进产业升级，如图 6.8 所示，是被动式太阳能的利用。

(a) 废弃烟囱

(b) 废旧厂房

(c) 废旧构筑物

(d) 废旧工业设施

图 6.7 厂区废旧物再利用

图 6.8 被动式太阳能建筑物

旧工业厂区资源的有效再利用，受工业价值、地理区位、用地属性等因素的影响，旧工业厂区建筑的保护再利用梯度可划分为绝对保护、保护主导、改造主导及新建主导四个层次，与此相应的开发强度逐级递减，如表 6.2 所示。

旧工业厂区环境绿色重构分级开发保护机制表　　表 6.2

保护开发策略	保护梯度			
	绝对保护	保护主导	改造主导	新建主导
价值极高	☑			
价值较高		☑		
价值一般			☑	
价值较低				☑

绝对保护：主要针对有极高价值与重大保护意义的工业遗产或构筑物（一般是工业设备及建筑物），它是工业遗产的核心价值所在，要最大限度地保证工业遗产的真实性、完整性。在改造利用过程中要严格按照文物保护的相关要求，进行“博物馆模式”的保护，对其的开发再利用要受到严格控制。

保护主导：对于那些具有较高的价值、已经被确定的历史文物工业遗产及历史地段，同样要求最大限度地保证工业遗产的真实性、完整性，对其改造利用要采取严谨的态度，不应将其改做居住用地或其他对工业遗产破坏较大的建设用地。在不改变原有体量、结构、形态的基础上，对工业遗产进行合理的功能置换，在保护的过程中再利用。此外，还要控制工业遗产周边的风貌，力求将影响降到最低。

改造主导：主要针对建筑质量较好且具有一定价值的旧工业厂区。对于这类项目可在保留原厂区结构框架和不破坏原有工业特征的基础上，结合新的功能对原有厂区进行适当的改扩建，也包括建筑外部空间、厂区整体环境的改造。改造侧重于对历史、工业文化价值的挖掘，可对部分建筑酌情拆除，在功能选取上以现代化的城市建设为主导。值得说明的是我国大部分由旧工业厂区改造的创意产业园采取的就是这种模式。

新建主导：这类开发模式主要考虑土地所带来的经济价值与物质属性，其次考虑厂区的工业价值（往往这类旧工业厂区工业价值较低）。在地块更新时，对厂区的建筑或构件仅仅保留部分，甚至全部拆除，这种开发模式通常是以经济因素作为出发点，一切以满足现代城市建设的需求为准，对区域原有的肌理、文脉破坏较大。

6.1.3.5　经济性原则

城市是一个复杂的有机综合体，城市的发展涉及经济、社会、建筑的方方面面。一个富有活力的区域，仅仅有物质环境、文化要素是远远不够的，还需要经济的持续繁荣，脱离经济支撑的城市更新是难以实现的。随着经济转型、城市发展，工业作为城市经济主角的状态已悄然改变，身处城市核心地段却无法产生应有经济价值，故而旧工业厂区又重新担任起激活区域经济的重任，旧工业厂区的复兴成了城市更新的重要内容。应该利用城市产业结构调整的机遇，充分发挥自身优势，发展合适的产业，使之成为城市经济新的增长点。而在空间重构实际操作上也要遵循经济性的原则，实现利益的最大化。如图 6.9 所示，随着城市扩大，原废旧的工业厂区已成为城市的中心，因此可利用其废旧的厂房改造成办公区，提高其经济效益。

(a) 外景

(b) 建筑物

(c) 景点

(d) 构筑物

图 6.9　废旧厂区绿色重构再现

6.1.4　厂区环境绿色重构主要方法

6.1.4.1　建（构）筑物的处理

工业生产场地上的遗留物也是一种工业景观，包括建（构）筑物、机械设备以及与生产相关的运输仓储等设施，可通过以下一些方法在绿色重构过程中进行再利用。

(1) 形态上的再利用

从实体形态上，利用建（构）筑物的实体特征，如线性特征、材质肌理、特殊外形、形态特征等，创造开发成其他功能设施或场所。铁路设施联系着各个生产系统，可以改造成景观步道，如图 6.10 (a) 所示；高大的储气罐可以做成一个高台，供人们远眺，如图 6.10 (b) 所示。

(a) 废弃铁路景观改造

(b) 废旧设备做成高台

图 6.10　工业遗存形态上的再利用

(2) 空间上的再利用

不同属性的空间，改造成不同类型的建筑空间供人们使用。大部分工业建筑的空间较为宽敞，可以改造成音乐厅、博物馆、展览馆、画廊和其他文化娱乐场所等空间。有一些小型的空间，可以根据具体情况，改造成住宅、办公或迷你咖啡屋等，如图 6.11 所示。

图 6.11　废旧厂房空间再利用

(3) 艺术创作上的再利用

现代艺术思想融入工业遗产的环境改造之中，从而形成一种新的思路。工业建筑在艺术家的眼里可以编成创作素材，工业符号也成为艺术创作的主题语言。

6.1.4.2　废弃物和垃圾的处理

(1) 废料的再利用

①直接利用

工业遗产中的废料可以直接利用，即就地取材。原生态地利用工业废料的形体或材质作为景观塑造的原料，保留材料的原汁原味，无需多余的除污或深加工、变形、变质等过程，将工业废料直接用于景观设计中。

②间接利用

经过加工之后，对材料进行粉碎、变形、涂色等，改变材料的形体、色彩、图案，达到可利用的程度之后间接利用。例如将废弃的建筑垃圾粉碎后用作场地的填充材料，砖石磨碎后充当混凝土骨料等。

(2) 废料垃圾的填埋或外运

对于不可再利用的废料垃圾，达到环保要求的可将其就地填埋，污染程度大的可以将其清理后外运处理。

6.1.4.3　污染治理和生态修复

很多旧工业厂区因工业活动而产生的污染物没有得到有效处理，随意堆放在厂区内，造成了土壤、水体等污染。为使厂区环境得到有效的绿色再生，在厂区环境重构再生前，需对污染物质进行资源的清理或污物外运，修复厂区生态。以生态技术为依托，利用植物、动物、微生物的活动来处理污染的土壤和水体，同时起到污染治理和生态修复的作用，为厂区的绿色重构打好生态环境基础。

6.2　水体保护安全规划

6.2.1　厂区水体保护基本内涵

6.2.1.1　世界水资源状况

全世界水资源总量大约是 13.86 亿 km^3，覆盖了地球表面大约 3/4 的面积，其中 96.5% 分布在海洋，陆地上的淡水资源总量只占地球上水体总量的 2.53%，而且大部分为分布在南北两极地区的固体冰川，开采应用比较困难。当下，河流水、浅层地下水和淡水湖泊水是比较容易开发利用的淡水资源，而这些可以开发利用的淡水储量还不到世界总水量的 1%。

6.2.1.2　我国水资源状况

我国水资源贫乏，淡水总量约为 28000 亿 m^3，居世界第六。但是我国人口多，人均水量仅有约 2000m^3，是全世界人均水资源最少的国家之一，而用水量居世界首位。我国水资源时空分布不均，与土地资源分布不相匹配，南方水多、土地少，北方水少、土地多。随着社会经济的快速发展和人民生活水平的提高，生态环境遭到严重破坏，水体污染严重，水资源的保护和水污染的治理已经成为现代社会最关注的问题。

6.2.1.3　旧工业厂区水资源保护

在旧工业厂区绿色重构过程中，同样会涉及水资源的问题。例如对于一些大型的旧工业厂区，由于厂区开发利用早，对水体的保护措施有限，已然对厂区内水体（池塘、景观湖等）以至于地下水等造成不同程度的污染。因此，在重构规划过程中，首先需要对已经污染的水体做一个合理的修复，消除污染的影响；同时还需防止重构后对厂区水体继续造成污染，并且还应考虑合理的水资源再生利用，减少水资源的浪费，响应国家保护水资源、节约水资源的号召。

6.2.2 厂区水体修复安全控制

6.2.2.1 厂区水体修复内容

化工厂、印刷厂等会造成水体的污染，而遭受工业污染的水体，大部分属于富营养化的问题。恢复水体的生态化，首先要控制水体的营养化，减少营养输入。对于旧工业厂区，基本不会再有新的工业生产出现，也不会再有新的工业污染源输入水体，因此水体营养化只是以往日积月累的结果。

旧工业厂区的水体生态恢复相对于一般意义上的水体治理不尽相同，因为它不仅仅是在治理水体，也是在塑造环境和景观，需要与设计师的整体构思协调，再结合实际水域的污染情况因地制宜采取措施。对于一个污染程度比较低、面积稍大的水体可采用自身净化与复活相结合的生态方法。以初级生产者、消费者和分解者组成的水生生态系统，既能防止水体富营养化，又能提供足够的生物产量，是治理大面积水域（如湖泊）的最佳方案。对于污染程度较高、面积较小的水体可以采用直接填平、固化的掩盖式手法或在经济条件允许下重新换上干净的水体，设置亲水岸线等。

6.2.2.2 厂区水体修复方法

（1）物理法

物理法即利用物理的方法修复水体，如表6.3所示。

物理法修复水体 表6.3

序号	方法	内容
方法一	引水换水	通过引水、换水的方式，降低杂质的浓度
方法二	循环过滤	在厂区绿色重构设计的初期，根据水体的大小，设计配套的过滤沙缸和循环用水泵，埋设循环用的管路，用于以后的日常水质保养
方法三	曝气充氧	水体曝气充氧是指通过对水体进行人工曝气，提高水中的溶解氧含量，防止水体黑臭现象的发生。曝气充氧方式有瀑布、跌水、喷水3种

（2）物化法

①混凝沉淀法：混凝沉淀法的处理对象是水中的悬浮物和胶体杂质，具有投资少、操作和维修方便、效果好等特点，用于含大量悬浮物、藻类的水体的处理，可取得较好的净化效果，在旧工业厂区的一些富营养化的水塘和景观湖中，利用该方法可取得较好的经济效果。

②过滤法：当原水中藻类和悬浮物较少时，可对其进行直接过滤，当水中含藻量极高时，应在滤池前增加沉淀池或澄清池。过滤可降低水的浊度，同时，水中的有机物、

细菌乃至病毒等也随着浊度的降低而被去除。

③加药气浮法：按照微细气泡产生的方式，气浮净水工艺分为分散空气气浮法、电解凝聚气浮法、生物化学气浮法和溶气气浮法（包括真空式气浮法和压力溶气气浮法）。目前应用较多的是部分回流式压力溶气气浮法，其处理效果显著而且稳定，并大大降低能耗。该工艺可有效去除水中的细小悬浮颗粒、藻类、固体杂质和磷酸盐等污染物，大幅度增加水中的溶解氧含量，有效改善水环境的质量，易操作和维护，可实现全自动控制。

（3）生化处理法

若景观水体的有机物含量较高，可利用生化处理工艺去除有机污染物。目前被广泛采用的工艺是生物接触氧化法。它具有处理效率高、水力停留时间短、占地面积小、容积负荷大、耐冲击负荷、不产生污泥膨胀、污泥产率低、无需污泥回流、管理方便、运行稳定等特点。

（4）生态恢复法

通过生态的手段修复水体是最有效和环保的方式之一，如表 6.4 所示。

生态恢复法修复水体 表 6.4

序号	方法	内容
方法一	污泥法除氮	通过氧化还原作用去除污水中的氮
方法二	活性污泥法除磷	利用微生物对磷的过量摄取，使磷进入活性污泥中，从而净化水体
方法三	雨水收集法	在污染水体周围设置雨水收集设施，使得雨水能流入污水区，稀释污水的营养化程度，达到污水自清自净的效果
方法四	植物种植法	树木可以吸收水中的溶解质，得以自净；许多水生植物和沼生植物对净化污水有明显作用，如芦苇能吸收酚等多种化合物，每平方米土地上生长的芦苇一年内可积聚 6 千克污染物质，所以有些国家把芦苇作为污水处理的最后阶段
方法五	水生动植物法	种植藻类、高等水生植物，放养草鱼等杂食性动物，形成一定的水生生态系统，从而净化水体，达到修复水体的目的

6.2.3 厂区水体重构规划内容

由于时代的因素，大量的旧工业建筑在建设之初基本没有考虑水的综合利用问题，消耗大量的自来水。在旧工业厂区绿色重构中采用水资源再利用系统显得尤为重要。具体的措施主要有：雨水的利用、污水的处理、中水的使用等。可以针对不同的使用用途，利用不同的水，比如绿化、洗车、冲厕可以使用无害化处理的循环水。

6.2.3.1 雨水利用

旧工业厂区绿色重构过程中，可将天然雨水通过集水系统收集起来，通过无害化处理后用于日常生活或生产。雨水收集是指将降落到建筑屋顶、广场、道路等区域的雨水经管道系统收集起来，然后通过过滤、净化等方式进行再利用。收集的雨水可以被作为绿化、日常生活用水使用，能够大大减少对于淡水资源的依赖，在节约、保护水资源方面起着重要作用。目前，在旧工业厂区重构中常采用以下几种雨水收集方式：屋面集水收集系统、屋顶花园集水系统、地面渗透集水系统及渗透铺装集水系统，如表 6.5 所示。

雨水收集方式统计 表 6.5

类型	优点	要点
屋面集水收集系统	通过屋面收集的雨水污染度轻，无需进行软化，可以直接用于浇灌、冲刷、洗车等	要考虑屋面材料。最佳的集水屋顶材料是金属、陶瓦和以混凝土为基面的材料，可以根据再利用的适宜性进行选择
屋顶花园集水系统	减少径流量，使土壤具有保水力，减少人工浇水次数，美化园区环境	适用于平屋顶的旧工业建筑，再利用中要做好屋面防水
地面渗透集水系统	可以维护绿地面积同时回灌地下水，改善生态环境，缓解地面沉淀、减少水涝等	土壤渗入系统不应该对地下水及周边环境造成污染，地面上入渗植物品种要与入渗系统相协调
渗透铺装集水系统	地面技术简单、便于管理，并且能够充分利用建筑周围的道路、停车场、人行道	渗水地面要尽量采用少量铺装，多保留一些天然植被和土壤

6.2.3.2 中水利用

旧工业厂区通过重构规划投入使用后，由于生产或生活的需要，会产生一定的废水，而使用后的各种排水（冷却排水、沐浴排水、盥洗排水、洗衣排水、厨房排水等）经适当处理后即可回收用于建筑或小区作为杂用。在设置中水系统时，应与给水排水系统紧密地结合在一起，管线设计应以简单方便为主。设计时，中水系统必须独立设置，严禁将中水引入生活用水的给水系统，并且在中水管壁上一般不设置水龙头。如果需要设置时，应采用严格的防护措施。

在利用中水时，可根据中水的污染情况而适当调整其使用方式，如表 6.6 所示。

中水分类 表 6.6

分类	特点	处理工艺要求
优质杂排水	洗手洗脸水、冷却水、锅炉水等，但不包含厨房、厕所排水。主要污染物为泥灰，为中水水源最好组合	此类水源处理工艺简单，工艺管理方便，且处理成本低。现阶段我国许多中水处理项目，都采用此类水源组合，并且从经济成本方面分析，大都低于自来水水价
杂排水	除优质杂排水外，还包含厨房排水。污染程度高，有油垢、表面活性剂、生物有机物及泥灰	处理工艺相对简单，成本相对较低，并且也有部分项目回用水的成本同样低于自来水水价
综合排水	杂排水和厕所排水的混合水。含有较多细菌，且含有氮、磷，水质较差	处理工艺较复杂，成本较高

6.3 土壤保护安全规划

6.3.1 厂区土壤保护基本内涵

6.3.1.1 厂区土壤保护现状

大多数旧工业厂区建设年代较早，基于当时环境保护政策的不完善，环境保护技术不够先进，导致现存的一些旧工业厂区土壤存在大量污染物。在对旧工业厂区绿色重构前，需对污染的土壤进行处理，使其满足再生利用的标准。另一方面，对旧工业厂区开发利用时，难以避免的会对原有厂区地貌进行修整，以满足改建后厂区功能的需求。而对周围环境中的土壤进行搬迁或移动，在这过程中可能会造成一定量的水土流失，甚至是土壤中污染物移动和渗漏，造成地下水二次污染，对人类健康产生巨大危害。因此，对旧工业厂区土壤的有效保护是其绿色重构的必要条件。

在过去几十年里，由于很多污染场地的土壤环境一直没有实现目标管理，缺乏污染场地土壤防治与修复、风险事故预防与应急处理方面具体的工作目标，更没有阶段性指标，对管理及修复目标的考核办法不明确，这就造成了土壤环境管理工作存在随机性、欠规范性的弊端，管理及修复工作效果欠佳，进展缓慢。

目前国外对污染场地的修复技术研究较多，已经形成较多实际可行且商业化的修复技术。由于历史、经济和认识等方面原因，我国对污染场地修复技术的研究起步较晚，在土壤污染治理技术开发与应用研究方面，尚处在实验室研究以及向规模应用研究过渡的阶段，与欧美等发达国家和地区相比，还存在很大差距。污染场地类型、特征和重点区域分布状况仍不明确，很多土壤修复技术还仅限于研究阶段，不能应用于实际，还没有形成有中国特色的、有效的实用技术，缺乏污染场地土壤环境修复技术评估体系及推荐的实用修复技术目录，因此现有的技术很难解决目前一些旧工业区复杂的土壤污染问题。

一般认为旧工业厂区污染场地是伴随着城市化发展以及产业结构调整所出现的必然问题，而目前我国正处在这一关键阶段。旧工业厂区污染场地主要来源于污染型企业、废物处置场地以及突发性污染事故。污染场地属于严重的一次、二次污染源，严重危害人类健康和环境安全，限制土地资源的开发利用。

6.3.1.2 厂区土壤保护管理方法

(1) 旧工业厂区绿色重构更加注重污染场地重新开发利用后的使用性质和未来的使用状态，应依靠市场机制，而不是仅仅依靠政府财力来整治环境，可以很大程度上解决治理费用高昂的问题。并且这种管理模式在英国已经取得了显著的成果，目前美国在法律框架和管理政策上也开始向这种管理模式倾斜。

(2) 针对旧工业厂区污染场地的开发利用问题，环保部门、国土资源部门和规划部门通力合作，使环保部门能够介入土地规划审批的环节，能够制定一套有利于旧工业厂区污染场地重新开发利用的管理制度，靠市场机制来促进旧工业厂区污染场地的整治。

(3) 制定旧工业厂区污染场地管理政策应作为政府的行政职责和法律义务，通过明确的法律法规等对污染场地的管理工作做出指导，明确落实管理责任与义务，保障管理工作顺利进行。

(4) 制定明确的指导性文件，规定旧工业厂区污染场地的定义，确定采样和分析等标准方法，为污染场地管理做好坚实基础。

(5) 将对旧工业厂区场地的保护作为政府的职责和义务，并鼓励公众参与，加大工作力度，以便及时发现潜在的危险场地。

(6) 建立污染场地的资料库，对污染场地进行分级管理，确定污染场地修复的优先顺序，对资料库进行及时更新，为污染场地的管理提供依据。

6.3.2 厂区土壤修复安全控制

6.3.2.1 厂区土壤修复现状

经过工业生产之后的土地一般比较贫瘠，有些甚至寸草不生，对于环境的塑造影响很大。旧工业厂区中土壤的污染很大程度上来自于重金属和化学物质以及工业固体废物等，这些污染物通过水体、大气或直接向土壤排放转移，其毒害性高，降解性差，土壤的自净能力无法将其毒性消除，因而在土壤中不断的积累造成土壤污染。重金属及其他有毒元素影响土壤的呼吸代谢、土壤酶活性和土壤微生物的生长繁殖，被污染的土壤植物很难生长；同时土壤重金属污染也是一个不可逆的过程，一旦土壤被污染就很难得到恢复。因此土壤的治理将是环境绿色重构过程中一个关键问题。

6.3.2.2 厂区土壤修复技术

目前应用广泛的异位 / 原位修复技术主要包括：土壤蒸汽抽提技术（SVE）、固定 / 稳定化技术、热解吸和生物修复技术。其中生物修复技术被视作为未来污染土壤修复技术的发展趋势，因为与其他物理、化学技术相比，它具有成本低，技术安全，经济和环境双重效益良好等特点。

国内外污染场地土壤修复技术种类繁多，优劣难辨，需要对其进行科学的评估，才能为修复技术的筛选和实际应用提供依据。污染场地土壤修复技术的评估需要通过调查参考大量实际修复案例，对技术的有效性、可靠性、经济性、应用前景、适用范围、市场风险等诸多因素进行综合评估，鉴于此，将一些土壤修复技术总结如表 6.7 所示。

对旧工业厂区土壤修复时，利用植物修复方法是最具实用意义的。植物在长期的生物适应进化过程中，少数生长在重金属含量较高的土壤中的植物产生了适应重金属胁迫的能力。这些植物可以大量吸收金属元素并保存在体内，同时植物仍能正常生长。因此栽植这种植物，一来可以去除土壤中的重金属，改良土壤，二来植物本身就是一种新的生态化健康景观，达到环境绿色重构的目的。如图 6.12 所示，利用绿植在改善厂区土壤的同时，起到很好的绿化作用。

土壤修复技术 表 6.7

分类	技术名称	使用条件	典型优缺点	备注
物理修复技术	换土法	有机污染物、重金属、无机污染物； 适合土壤类型：细黏土、中粒黏土、淤质黏土、黏质粉土、淤质粉土、淤泥、砂质黏土、砂质粉土、砂土	易操作；成本较高	一般仅适用于突发事故导致的土壤污染的简单处理
	原位固定/稳定化技术	重金属、放射性物质、无机污染以及重碳水化合物； 适合土壤类型：细黏土、中粒黏土、淤质黏土、黏质肥土、淤质粉土、淤泥、砂质黏土、砂质粉土、砂土	技术成熟，应用广泛；可修复重金属复合污染土壤；成本较高	在对污染土壤实行固定/稳定化处理后，还需对土壤进行浸出毒性检测，检验污染土壤是否变成一般危险废物。同时还需长期对处理后土壤进行监测管理，防止二次污染
	异位固定/稳定化技术	重金属、放射性物质、无机污染以及重碳水化合物； 适合土壤类型：细黏土、中粒黏土、淤质黏土、黏质粉土、淤质粉土、淤泥、砂质黏土、砂质粉土、砂土	修复时间缩短，处理成本增加	
	电热修复技术	半挥发性卤代污染物和非卤代污染物、多氯联苯、密度较高的非水质液体有机物以及重金属 Hg； 适合土壤类型：细黏土、中粒黏土、淤质黏土、黏质粉土、淤质粉土、淤泥、砂质黏土、砂质粉土、砂土	污染物去除率高，一般大于 90%；治理成本较高	实施技术处理污染土壤的过程中，需要严格操作加热和蒸汽收集系统，防止污染物扩散而产生二次污染
	土壤蒸汽抽提技术	挥发性有机卤代物或非卤代物、油类、重金属及其有机物、多环芳烃等； 适合土壤类型：质地均一、渗透力强、孔隙度大、湿度小、地下水位较深的土壤	易操作，成本低；技术成熟，应用广泛；能够回收利用废物	土壤蒸汽抽提技术在挖掘土壤的过程中容易发生气体泄露以及运输过程中挥发性物质释放等现象，因此必须做好防范措施
化学修复技术	原位土壤淋洗技术	重金属、放射性污染物、石油烃类、挥发性有机物、多氯联苯和多环芳烃等； 适合土壤类型：水力传导系数大于 10^{-3}cm/s 的多孔隙、易渗透的土壤，如砂土、砂砾土壤、冲积土和滨海土等，而不适用于红壤、黄壤等质地较细的土	技术成熟，应用广泛；成本较高，含有污染物的淋洗液需要进一步处理	1. 淋洗剂的选择至关重要，它不仅影响污染物去除率，若选择不当，还可能对土壤造成污染。 2. 含有污染物的淋洗液需要集中收集再处理
	异位土壤淋洗技术	重金属、放射性污染物、石油烃类、挥发性有机物、多氯联苯和多环芳烃等； 适合土壤类型：黏粒含量低于 25% 的土壤	修复周期较短，修复效果更好，但成本更高	
	溶剂浸提技术	有机污染物如石油类碳氢化合物，氯代碳氢化合物、多环芳烃、多氯二苯等； 适合土壤类型：黏粒含量低于 15%，湿度低于 20%	处理难以去除的污染物，修复速度快，可以循环使用	该技术仅适用于室外温度在冰点以上的情况，低温不利于浸提液的流动和浸提效果
生物修复技术	植物修复	有机污染物、重金属、无机污染物； 适合土壤类型：细黏土、中粒黏土、淤质黏土、黏质粉土、淤质粉土、淤泥、砂质黏土、砂质粉土、砂土	一般适用于种植农作物，符合可持续发展战略；成本低，易操作，可用于修复大面积污染土壤；修复周期很长	1. 植物修复技术在应用上还不够成熟，存在一些问题，因此在采用此项技术以前，一定要进行可行性分析； 2. 修复植物积累的干物质（即生物量）必须妥善处理，防止二次污染
	生物堆肥	炸药、多环芳烃、芳香烃、氯酚类污染物、二甲苯、三氯乙烯等； 适合土壤类型：淤质黏土、黏质粉土、淤质粉土、砂质黏土、砂质粉土、砂土	成本低，堆肥产品可产生经济效益	应用此技术处理高毒性化合物时，应先进行实验室试验和现场中试，考察污染物对微生物活动的影响及其降解过程动力学

图 6.12　厂区绿植改善土壤

6.3.3　厂区土壤重构规划原则

旧工业厂区土壤修复完成后，可对符合要求的已修复土壤进行再生利用，或是直接对原检测合格的土壤进行再生利用，但应先对土壤的适宜性做一个合理的评价，为旧工业厂区土地利用规划、布局调整等提供依据，使厂区土壤获得最佳利用。对于污染土壤修复后的再利用适宜性评价，在一般性评价基础上，还应重视污染土壤再利用的风险。

6.3.3.1　综合性原则

土壤适宜性评价考虑的因素包含了自然、社会、经济多个方面，评价的适宜性涉及不同用地方式、不同用地行业的要求，这就决定了土壤适宜性评价必然是一项具有很强综合性的工作，需要对评价对象的各种条件做出客观的、综合性的评价。综合性原则成为土壤适宜性评价的一项基础性原则。

6.3.3.2　针对性原则

土壤适宜性评价是针对一定的土地利用方式而进行，不同的土壤利用方式有不同的土壤条件要求，土壤利用方式成为土壤适宜性评价的一个前提条件。土壤适宜性评价必须要有针对性地进行。

6.3.3.3　最低指标控制原则

对于污染修复后的土壤，某些特殊参评因素采用最低指标控制，即当某项因素的值超出最低值时，无论其他因素限制与否，该项因素都成为衡量土壤适宜性程度的关键因素。例如某一单项污染物在某种用地方式下对人体健康的风险值超出了可接受的致癌风险水平的最低值，则该种用地方式下的土壤适宜性等级为不适宜。

6.3.3.4　多因素约束控制原则

土壤适宜性评价中，参评因子往往会有多个，土壤适宜性等级的划分并不只受到单一因素的约束，而是要综合考虑多因素的约束。

6.3.3.5　比较原则

土壤适宜性评价考虑的土壤利用方式是多种的。同一区域的土壤在不同土壤利用方式下的适宜性可以不一致，相应地，不同区域的土壤对同一土壤利用方式的适宜性也可以不一致。所以，土壤适宜性评价在确定土壤适宜性时需要根据实际条件，比较多种情况下土壤质量的优劣，从而确定土壤的最佳利用方式。

6.3.3.6　可持续性原则

土壤适宜性评价用来确定土壤利用的最优途径就要考虑土壤利用的可持续性。适宜性本身也是就土壤的可持续利用而言，是土壤在持续利用下的适宜性。在土壤适宜性评价中考虑可持续性原则就是要考虑人类对土壤利用方式的改变会不会导致土壤质量的退化和土壤污染等危险，从而避免粗放式、短期性利用。可持续性原则要求在评价土壤适宜性过程中，考虑其利用的三个效益，即经济效益、社会效益和生态环境效益。只有协调好三效益，才能保证土壤利用的可持续性。

6.4　绿化及空气质量安全规划

6.4.1　厂区绿化重构影响因素

6.4.1.1　整体性因素

(1) 厂区绿化环境与城市绿化环境的整体协调性。

任何一个厂区，不论位于市区，还是远离城市的工业区，都会与城市产生密切的联系。厂区与城市环境建立在一个统一的生态系统、社会系统和景观系统之中。工业厂区环境是城市环境的组成和延续，因此，厂区环境要符合城市环境的要求，要以自己的独特风貌为城市增添色彩。在厂区绿色重构过程中，应在当地的文化基础上创造出有当地文化特色的工业厂区环境景观。整体性体现为工业厂区打破以往封闭的格局，与城市整体环境保持紧密的联系。现在有一些工业厂区与城市分疆而立，仅以一座高大的门楼与城市相通，其他建筑和庭院完全采取封闭式的内向组合，增加了与城市的隔阂，缺少与周围城市环境的相互联系和渗透，这样的“独树一帜”在现代工业厂区建设设计中显然并不受用。使工业厂区环境景观与城市环境相互融合、相互呼应从而形成整体是工业厂区室外环境改善的方向，这会创造更加适宜的工业厂区外环境。

(2) 厂区绿化环境总平面设计的整体性。

总平面设计是一种“环境设计”，要充分考虑环境特点，善于利用自然环境要素，合理布置人工环境要素，做到人工环境与自然环境的有机结合，创造优美的整体空间环境。只有这样，才能创造出一个统一、协调、优美的工业区环境形象。

6.4.1.2　人性化因素

人性化设计是设计发展的又一阶段，也是人类社会发展进步的必然结果。人性化设计的核心是以人为本，注重提升人的价值，尊重人的自然需求和社会需求。在以人为中心的问题上，人性化设计是有层次的，以人为中心是考虑一个社会的整合体，是社会发展与长远的人类生存环境和谐与统一。因此，人性化设计应是以人为第一视角把握设计全局，来协调出现的各种问题。环境绿化设计的目的是创造适宜人们活动、生存的空间，最终目的是要为人服务的。

重构后的绿化环境需要满足职工生产、生活的需要以及精神方面的需要。职工是绿色重构后厂区企业的主体，厂区绿化环境要为职工服务。员工午休不仅仅是就餐和恢复体力的时间，也是公共交往的时间。

舒适的人性化环境设计，不但能增加人们的亲切感，也能对工人产生积极的影响。所以，工业厂区绿化环境设计要从方方面面满足使用者的需求，这样才能真正达到厂区室外环境设计的目标，即以人为本，创造文明卫生、舒适优美的工作和生活环境，为职工服务。

6.4.1.3 可识别性因素

一个事物的可识别性是指它有别于其他事物的特性。旧工业厂区的景观绿化环境能够提高厂区的独特性，并贯穿于周围环境当中。厂区绿色重构后的景观绿化环境是城市整体形象的一部分，在厂区景观绿化环境的个性塑造时，一定要纳入城市主系统的循环网络中，而不能脱离系统的主体，在遵从城市整体环境设计统一的前提下进行，将人、社会、自然视为一个完整和谐的系统。

6.4.2 厂区绿化重构规划设计

首先需要符合自然条件对于厂区中的植被种植的要求。要在充分考虑厂区的地理位置、气候特征、场地土壤条件等自然因素的基础上，合理地选择与搭配适合厂区环境的植被，注意种植的最适条件与极限条件，进而满足植被的生态需求。

其次是植被的选择。工业“三废”的排出造成恶劣的厂区环境，因此在厂区环境中应主要选择种植抵抗性强的本地树种、抗逆性强的引进树种以及一些花期较长、生长周期短、生命力顽强的植物植被。具有这些特征的植物植被不仅能够实现自身的观赏价值，还可有效地降解各种污染物，成为治理厂区环境污染的良好介质，实现自身的功能价值。

最后是植被的景观配置。通过合理配置，构成一种复层混交、相对稳定的，自然式的、规则式的或混合式的人工植被群落。慢生树种与速生树种兼顾发展，速生树种可以在短时期内发挥效益，但其寿命一般较短，经过一定时间就需要更新，所以厂区内须搭配栽植慢生树种，保持植被平衡生长。常绿树种与落叶树种相结合，常绿树种虽能够四季常青，但却缺少季相变化，而落叶树种虽季相变化明显，但在冬季时却形成萧瑟的景象，只有将这两类树种进行合理搭配，才能实现它们在旧工业厂区环境中的种植价值。

6.4.2.1　厂前区绿化环境设计

厂前区是厂区景观环境的主要体现。厂前区广场作为厂区环境中主要景观轴线的开端、整体环境的核心以及人们视线的焦点，是厂区绿化环境设计中的重要环节。对于它的设计，应在呈现美观性的同时充分反映出旧工业厂区鲜明的文化特性，既能够满足人们视觉上的需求，又可以确立旧工业厂区在人们心中的形象与地位。

厂前区广场中央位置设置烘托厂标形象的雕塑。同时，以放射状的形式在广场中种植草皮、灌木与树木，形成植物的层次变化，既起到丰富场地景观的效果，又能够提升空气质量。考虑到不同地区的气候特征，不能保证花坛一年四季都具有良好的观赏性，所以应针对季节的变换对花卉进行更换。从而营造出一个兼具文化性、艺术性与功能性的厂前区景观广场，突显出厂区形象，有助于加深人们对绿色重构后厂区的认识与关注。

6.4.2.2　厂房周边绿化环境设计

厂房周边绿化景观受使用性质的制约，可采用复层种植，多种植草坪和具有本地特色的植物。厂房周围环境绿地设计要考虑厂房室内的采光和通风。厂房南侧宜布置大型落叶乔木，夏季遮阳，冬季有阳光。北侧布置常绿植物，以枝干阻碍冬季寒风和沙尘。防止夏季东、西晒，各种树木的种植位置距离必须遵照规范中所规定的间距。在厂房周围的空地上，应以草坪遮盖，便于衬托建筑和花卉、乔灌木，减少风沙。厂房出入口作为重点绿化美化地段，要根据厂区绿色重构后入驻人员对园林绿化布局形式及观赏植物的喜好来布置，要考虑四季景观的展现，可布置一些花坛、花台，种植花色艳丽、姿态优美的花木。多用常绿树，且要求树种无飞絮、种毛、落果等污染环境。厂房外围墙或栅栏用攀缘植物垂直绿化，扩大植物叶面积指数，提高吸附粉尘、净化空气的效果。为了提高防尘效果，在结构上采取乔、灌、花草相结合的立体结构。裸露的地面必须铺种草坪或地被植物，且具有较高的覆盖度，防止地表尘土二次飞扬。在设计时还可考虑设置花台、大型花盆等，在污染特别严重的地方，植物几乎无法生长，则可设置水池、喷泉或其他工艺造型小品来活跃气氛，美化环境。选择枝叶茂密、分枝低、叶面积大的乔灌木，或者采用常绿、落叶、阔叶树木组成隔离混交林带，以减弱噪声对周围环境的影响，或者采用高篱、绿墙隔声减噪。

在厂房周边绿化要做到朴实大方，美观舒适，有利采光、通风。在东、西两侧可种落叶大乔木，以减弱夏季强烈的东、西晒，北侧应种植常绿耐荫乔灌木及花草，以防冬季寒风袭击，房屋的南侧应在远离7m以外种植落叶大乔木，近处栽植花灌木，其高度不应超出窗口。也可以与广场、游园绿化相结合，但一定要照顾到室内功能。

6.4.2.3　厂区休闲空间及附属空间绿化环境设计

(1) 厂区休闲空间绿化环境设计

厂区休闲空间作为厂区人员在工作之余舒缓压力和恢复体力的公共场所，将工作场所和绿化景观有机地结合，必然起到促进企业员工身心健康发展的积极作用。设计时多选择适宜当地生长并具有一定观赏价值的乡土树种，进行合理的搭配种植，使它们在不同的季节也能够同样产生较好的景观效果。采用规则式与自然式相结合的设计方法，前者在广场上大量设置树池、树阵、树墙、绿篱和花坛等来划分休闲场所中的空间环境，后者以常绿与落叶树种、速生与慢生树种搭配设计为主创造多层次、多季相变化的绿化空间环境。

（2）厂区附属空间绿化环境设计

厂区附属空间环境的绿化景观，主要采用大片绿林的形式进行植物配置设计。绿林不仅起到美化厂区环境、改善生态效益以及隔离防护的功能作用，在现阶段还可成为企业的育苗基地，满足厂区未来对绿化植物的需求。设计在保留原有生长态势良好树种的基础上，种植具备病虫害少、生长健壮、抗污性强、吸收有害气体能力强等特点的，高大、枝叶繁茂和根系发达的乡土树种。将常绿树种和落叶树种相互搭配，如紫椴、樟子松；高大乔木和低矮灌木相互结合，如旱柳、金银忍冬。最终形成集观赏性和功能性于一体的厂区附属空间绿化景观环境。

6.4.2.4　厂区道路系统绿化景观环境设计

（1）主干道的中央分车绿化带

道路分车绿化带在种植树木时要有一定的层次感，可以用乔木与灌木交替种植。在中央隔离中心种植大乔木，采用常绿的针叶与阔叶树木，在大乔木的两侧可种植宽约 0.5 ~ 1.0m 的灌木带。这种模式的特点是：利用大乔木来遮阴减噪，延长路面的使用寿命，且两旁灌木带的衬托，使道路显得更有层次。

（2）机动车与非机动车之间的分车带绿化

两侧应进行对称布置，分车带宽度不小于 1.5m，主要布置较矮的常绿针叶或阔叶树木，植满灌木进行封闭，也可采用模纹或花灌，并对两侧的分车带进行修剪，呈现出各种造型，为驾驶员和职工提供优美、舒适的道路环境。

（3）行车道与人行道间的绿化

为保证行车安全和降低噪声，可采用栽植绿篱的方法，效果比较好。道路侧方，即人行道及毗邻为建筑物的路段，在进行绿化时可采用“边乔中灌里灌花草混合型”，即靠近人行道边沿上种植阔叶或者针叶的大乔木，靠近建筑物的中侧可用 0.5 ~ 1.0m 小灌木带封闭式种植，紧挨建筑物的则选择与建筑高度相适应的灌木及模纹进行混合种植。这种绿化的模式使植物根系相互交错，相互促进，共同成长，且能够使道路与周围建筑物及绿化自然地融为一体。

（4）道路侧方的绿化

道路侧方及建筑之间的绿化，可在道路边沿上种植 0.5 ~ 1.0m 封闭式灌木带，且修剪成各式造型形成一道绿墙，保护道路安全。中间则种植 1 ~ 2 排的针叶或阔叶的常绿乔木。靠近建筑物里侧可绿篱、宿根花卉相互配合进行布置。此外，道路较窄时，不宜选择树冠较大的树木，避免树冠把路面完全覆盖而影响汽车运输灰尘的扩散，反而使道路环境污染加重。

(5) 厂内道路交叉口的绿化

为了保证机动车和非机动车行驶时足够安全，在道路交叉口、转弯处及铁路与道路的平交处，在视距的范围内不得栽种高于 1m 的树木，一般种植常绿灌木或者植草皮。

(6) 在厂内道路的转弯处，可种植姿态优美的树种、设计外形比较别致的花坛等来展示空间的动向。如果厂区道路设计为行车速度 15km/h，按照交叉口的视距要求对其进行绿化布置。

对于树木与相邻建（构）筑物之间的距离，可参考表 6.8 取值。

树木与相邻建（构）筑物之间的距离 **表 6.8**

建（构）筑物名称		最小间距（m）	
		至乔木中心	至灌木中心
建筑物外墙	有窗	5.0	1.5 ~ 2.0
	无窗	2.0	1.5 ~ 2.0
围墙		2.0	1.0
道路路面边缘		1.0	0.5
人行道边缘		0.5	0.5
排水明沟的边缘		1.0 ~ 1.5	0.5 ~ 1.0
给水管管壁		1.5	不限
排水管管壁		1.5	不限
热力管管沟、管壁		1.5	1.5
煤气管壁		1.5	1.5
乙炔、氧气、压缩空气管壁		1.5	1.0
电力电缆外缘		1.5	0.5
照明电缆外缘		1.0	0.5

6.4.3 厂区空气质量安全控制

为使旧工业厂区在改建投入使用后有一个清洁舒适的空气环境，旧工业厂区绿色重构安全规划过程中，需要对园区内的通风作合理的设计。

通风分为自然通风和机械通风两种方式。自然通风，也叫被动通风，是指利用风压、热压作为驱动而迫使空气产生流动，它是一种既简单又经济有效的通风方式，不消耗动力，而且通风效果较好；机械通风是一种机械设备启动了才产生的通风方式，它需要消耗电力而产生动力，还常常产生噪声。因此，在进行建筑设计时，一般尽量利用自然通风，在没有自然通风条件或自然通风量不够时才考虑机械通风。

空气的流动是因为压力差的存在，当建筑通风口两侧存在压力差时，空气就会从压力较高的一侧流向压力较低的一侧，从而形成自然通风，按照其通风形成的机理，可将其分为热压通风、风压通风以及热压风压共同作用通风。

6.4.3.1 热压通风

热压通风是通过调节空气温度使空气密度产生差异，在地球重力的作用下，使高温空气向上运动，低温空气向下运动。当建筑空间的内部空气温度升高时，空气体积膨胀，密度变小而自然上升；室外空气温度相对较低，密度较大，便由外围护结构下部的门窗洞口进入室内，加速了室内热空气的流动。新鲜空气不断进入室内，污浊空气不断排出，如此循环，达到自然通风的目的。这种利用室内外冷热空气产生的压力差进行通风的方式，称为热压通风。在旧工业厂区绿色重构过程中，进行建筑改造设计时，应尽量提高高侧窗（或天窗）的位置，降低低侧窗的位置，以增加进排风口的高差，提高自然通风效率。

6.4.3.2 风压通风

当风吹向建筑物时，在建筑迎风面上，由于空气流动受阻，速度减小，使风的部分动能转变为静压，从而使建筑物迎风面上的压力大于大气压，形成正压区；在建筑物的背面、屋顶及两侧，由于气流的旋绕，根据单位时间流量相等的原理，则风速加大，使这些面上的压力小于大气压，形成负压区。如果在建筑物的正、负压区都设有门窗口，气流就会从正压区流向室内，再从室内流向负压区，从而形成室内空气的流动，也即是风压通风。在旧工业建筑改建过程中，尽量在常年风向的区位上迎风面和背风面布置门窗，合理利用风压通风。

6.4.3.3 热压和风压共同作用通风

一般情况下，建筑的自然通风是由热压和风压共同作用的，只要室内外温度存在一定的差值、进排风口存在一定的高度差，建筑就存在热压通风。当风吹向建筑时，自然通风的气流状况比较复杂。在建筑的迎风面的下部进风口和背风面的上部排风口，热压和风压的作用方向一致时，其进风量和排风量比热压单独作用时要大。在厂房迎风面的上部排风口和背风面的下部进风门，热压和风压作用方向相反时，其排风量和进风量比热压单独作用时小。

当风压小于热压时，迎风面的排风口仍可排风，但排风量减小；若风压等于热压时，迎风面的排风口停止排风，只能靠背风面的排风口排风；若风压大于热压时，迎风面的排风口不但不能排风，反而会灌风，压住上升的热气流，形成倒灌现象，使建筑内部通风条件恶化。这时，须根据风向来调节天窗的开与关，即关闭迎风面的天窗扇而打开背风面的天窗扇。

6.5 工程案例分析

6.5.1 项目概况

粤中造船厂，如图 6.13 ~图 6.16 所示，位于广东省中南部的中山市，东临岐江，其余均临城市干道，交通非常便利。船厂于 1953 年建成，经历了中国工业化近半个世纪的艰苦历程，为该市的工业发展做出很大贡献。20 世纪 80 年代末至 90 年代初，随着经济的发展，珠三角的公路网络迅速发展，之前的主要交通工具——船舶逐渐退出了工业历史的舞台，船厂随之衰落。

图 6.13 原粤中造船厂外景

图 6.14 留存设施

图 6.15 活动场所

图 6.16 留存部件

1996 年粤中船厂经历了中山市旧城改造的浪潮，因为船厂位于中山市的商业繁华地段，破旧不堪的旧厂房严重影响了该地区的环境景观质量，与岐江河的沿岸景观格格不入。随后中山市政府决定将其拆迁，建一个公园供当地市民活动。2001 年粤中船厂并没有按原计划进行拆迁重新规划设计，取而代之的是一座再现“造船主题”的休闲观光全开放式的城市公园。

6.5.2　环境绿色重构规划

（1）保留原有工业元素及部分植被景观

对于造船厂旧址来说，要赋予它紧扣文化内涵的预先设想，创造一个富含场所精神和地域文化的场所，首先要求设计做到保留船厂的历史文脉。作为一个充满故事的场所，必然遗留了许多值得我们去保留的元素，这些元素分为两方面。第一种为自然元素，船厂有自然水体、大量古树、乡土植物、发育良好的地带性植物群落，和与之互相适应的土壤条件。第二种元素为人文元素，场地上原有的不同时代的船舫、水塔、旧厂房、龙门吊、旧铁轨、变压器等各式各样的机器，场地上的铺装，水边的护岸，厂房墙壁斑驳的油漆，墙壁上的语录等都是我们可保留和利用以体现船厂场所精神的人文元素。也正是这些特殊的元素，保留了船厂近半个世纪以来的历史痕迹，渲染了场所氛围，向我们诉说着船厂的历史故事，体现着经久不衰的人文情怀。

虽然造船厂并不属于文物性质的建筑，但属于历史工业遗留，保留的比例过大容易导致公园成了历史遗迹的展览场所，丧失休闲公园所具有的功能性需求；但对原有元素保留得过少，又会削弱其工业文化的特色，缺乏场所精神。综合考虑后，针对以下元素进行了保留。

①对自然系统及其要素的保留：场地的全部古树和部分植物进行保留，在场内开设支渠，针对江边的十多株古榕树进行特殊保护，并且满足水利防洪的要求，场内部分驳岸、水体都按其基本形式保留下来，如图 6.17（a）所示。

②对构筑物的保留：场内钢结构和混凝土框架的船坞被保留了下来，如图 6.17（b）所示，这两个反映了不同时代的工业遗留，是构筑物的代表。另外，厂房、两个水塔和红色烟囱也就地保留。

③对机器的保留：很多的大型机器被结合到场地的设计中，如大型龙门吊、变压器、水塔等都被保留下来，这些保留都成了丰富场所体验的必要元素，如图 6.17（c）所示。

（a）生机盎然的水系

（b）钢结构船坞

（c）水塔

图 6.17　工业元素的保留

（2）园区路网及建（构）筑物的规划设计

①直线路网：路网贯穿整个船厂，从形式上理解犹如对场地进行无情地分割，设计

直线路网表现两点之间直线最近的原理，隐喻如同工业时期流水线生产和高效快捷的需求，这种对场所进行的新形式设计，丰富了场所的使用功能，同时也传递给使用者场地上旧有的精神，如图 6.18（a）所示。

②绿房子：绿房子的设计是对工业产品的一个设计形式的提炼和运用，它由 5m × 5m 的树篱方格网组成，与直线的路网相互穿插，树篱高度设计为 3m，按照船厂当年的职工宿舍的高度作为参考，被运用到室外的绿房子增强了空间的进深，并提供了较为私密的空间。当这些新的设计形式结合场地的故事，便赋予了它新的内涵和意义，从而增强它的场所体验，如图 6.18（b）所示。

③铁栅涌泉、湖心亭及栏杆：场内增加了一些必要景观和可以改善使用者感官体验的景观元素，例如铁栅的使用，增强对场地精神的体验，涌泉则紧扣场所的主题，如图 6.18（c）所示。

（a）直线路网

（b）绿房子

（c）铁栅涌泉

图 6.18　园区路网的重构

6.5.3　重构效果

粤中造船厂 2001 改造完后，摇身一变成为风景秀丽的中山岐江公园，如图 6.19 所示，已经没有了曾经破败的感觉，带来的是水乡迷人的水陆公园。其在国际和国内景观行业获得了无数的好评，2002 年获得美国景观设计师协会荣誉设计奖（ASLA Design Honor Award）、2003 年获得中国建筑艺术奖、2004 年获得第十届全国美展金奖、2004 年获得中国现代优秀民族建筑综合金奖、2008 年获得世界滨水设计最高奖（Excellence on the waterfront Top Award）。

图 6.19　粤中造船厂改造完后鸟瞰图

公园以原有树木、部分厂房等形成骨架，利用原有船厂的特有元素如铁轨、船舫、灯塔等进行组织，反映了历史特色。同时，又采用新工艺、新材料、新技术构筑部分小品及雕塑，如孤囱长影、裸钢水塔和杆柱阵列等，形成新与旧的对比、历史与现实的交织，如图 6.20 所示。以公园路网的设计为例，该路网采用若干组放射性道路组成，既不用中国传统园林的曲线型路网，又有别于西方园林规整的几何图形，手法新颖，别树一帜。

(a) 原厂房骨架

(b) 原船厂吊机

(c) 废弃铁轨

(d) 废弃船只

图 6.20 变废为景

琥珀水塔位于岐江边的榕树岛上，由一座有五六十年历史的废旧水塔罩上一个金属框架的玻璃外壳而成，如图 6.21 所示，该水塔如同一只远古昆虫被凝固在琥珀之中，所以命名为琥珀水塔。该水塔顶部的发光体接受太阳能后将在夜晚发光，灯光水塔除了构成岐江夜晚的一景之外，还起了引航的作用。

骨骼水塔是位于公园中间的另一座水塔。最初的设计是将一座废旧水塔剥去水泥后，剩下钢筋留在原处，但由于原水塔结构的安全问题而无法实现，最终用钢按原来的大小重新制作而成，如图 6.22 所示。

亲水、保护生态是岐江公园的另一个特色。公园的设计保留了岐江河边原有船厂内的大树，保护原有的生态，采用绿岛的方式以河内有河的办法来满足岐江过水断面的要求，既满足了水利要求，也使公园增加了一景——古榕新岛。公园还较好地处理了内湖与外河的关系，将岐江景色引入公园。另外公园不设围墙，巧妙地运用溪流来界定公园，使公园与四周融洽和谐地连在一起，如图 6.23、图 6.24 所示。

图 6.21　琥珀水塔

图 6.22　骨骼水塔

图 6.23　水中盎然生态

图 6.24　水陆交融

参考文献

[1] 贾林林 . 城市更新背景下旧工业厂区空间重构研究 [D]. 北京：北京建筑大学，2018.

[2] 夏涵 . 城市工业遗址景观重构设计与研究 [D]. 武汉：湖北工业大学，2018.

[3] 高文美 . 矿山工业场地竖向设计的研究 [D]. 兰州：兰州交通大学，2015.

[4] 袁俊，华丹 . 总图设计基本理论与方法研究 [J]. 城市建设理论研究（电子版），2012（16）：11 ~ 12.

[5] 董静柔 . 工业场地竖向设计探讨 [J]. 城市建设理论研究（电子版），2012（15）：49 ~ 51.

[6] 王炳坤 . 城市规划中的工程规划 [M]. 天津：天津大学出版社，2011.

[7] 徐晓珍 . 小城镇基础设施规划指南 [M]. 天津：天津大学出版社，2015.

[8] 王晓东 . 老工业区搬迁后原有供热管网改造再利用评价方法研究 [D]. 天津：天津大学，2012.

[9] 李思文 . 北方 A 市老旧城区供水管网安全风险评价研究 [D]. 长春：吉林建筑大学，2016.

[10] 杜宪 . 老旧城区供水管网基于风险评估的改扩建技术研究 [D]. 长春：吉林建筑大学，2017.

[11] 张靖岩，肖泽南 . 既有建筑火灾风险评估与消防改造 [M]. 北京：化学工业出版社，2014.

[12] 方正 . 建筑消防理论应用 [M]. 武汉：武汉大学出版社，2016.

[13] 杨明 . 中国消防技术发展史研究 [D]. 沈阳：东北大学，2015.

[14] 胡筎 . 天津市五大道历史街区综合安全体系构建研究 [D]. 天津：天津大学，2014.

[15] 王雪 . 工业厂区景观环境设计与研究 [D]. 长春：吉林建筑大学，2014.

[16] 李向东 . 环境污染与修复 [M]. 徐州：中国矿业大学出版社，2016.